ソフトウェアのための
基礎数学

鑰山 徹 著

工学図書株式会社

はじめに

　今や，自宅でインターネットをすることも当たり前の時代となりました．巷には，ワープロソフト，表計算ソフト，メールソフトなど様々なソフトウェアがあふれかえっています．このようなソフトウェアを開発することはSE（システムエンジニア）やプログラマといった専門家の仕事ですが，ソフトウェアの動作を理解することは，このような専門家だけでなくユーザにも求められます．そして，ソフトウェアを開発する場合はもちろんのこと，ソフトウェアの動作を理解するには，数学的思考が必要です．

　本書は，ソフトウェアに接する人たちに，そこで必要とされる基本的な数学的知識を理解していただくために作成したものです．すでに，「情報数学入門」，「情報基礎数学」などのタイトルで，類書が数多く出版されています．しかし，その多くは，どちらかといえばハードウェアを理解するための数学であったり，理系の大学生を対象としているように思われます．

　それに対し，本書は「**ソフトウェアを理解する**」ことを目的としており，文系の大学生や専門学校生を対象と考えています．**集合・数列・指数・対数**といった必要な概念は基本から解説しており，数学の苦手な人でも読みこなせるように配慮しています．

　本書の第一の特徴は，問題が豊富なことです．各章に例題や問，練習問題をたくさん掲げていますから，本書は演習書として利用することができます．様々な問題を丹念に解いていくことにより，各種数学的概念を自分のものにすることができます．

　第二に，**命題論理や述語論理**といった**論理の基本を取り上げている**ことも本書の特徴の一つです．これらは，中学数学でも高校数学でも明示的には現れていませんが，数学を理解するためにはなくてはならないものです．本書では，これらをふまえ，**推論と証明**との関わり，さらには，**質問応答システム**への応用まで概説しています．

　第三に，いわゆる**情報処理技術者試験**も考慮に入れています．過去に出題された問題を調べ，関連する事項はなるべく含めるようにしました．したがって，本書は，**基本情報技術者試験やソフトウェア開発技術者試験**を受験する人には参考書として利用できます．本書を利用することにより，読者がソフトウェアをさらに理解できることを願ってやみません．

　最後になりましたが，著者の原稿を丹念に読んでいただき，数々の有意義なコメントをいただきました千葉経済大学の藤生裕講師，工学図書の川村悦三氏に深くお礼申し上げます．ただし，本書に不備・誤謬等あれば，それはすべて著者の浅学非才さに他なりません．読者諸兄のご叱責をいただければ幸いです．

平成13年10月

著者記す

目次

第1章　数学への序章 ……………………………………… 1
　1.1　数の分類 ……………………… 1　｜　1.2　集合と写像 ……………………… 3
　第1章のまとめ …………………………………………… 6
　練習問題1 ……………………………………………… 7

第2章　命題論理 …………………………………………… 8
　2.1　命題と真理値 ………………… 8　｜　2.5　恒真式と矛盾式 ……………… 15
　2.2　論理演算子 …………………… 9　｜　2.6　論理式の変形 ………………… 17
　2.3　論理式とその真理値 ………… 12　｜　2.7　標準形 ………………………… 20
　2.4　真理値表 ……………………… 14　｜　2.8　論理的帰結 …………………… 22
　第2章のまとめ …………………………………………… 24
　練習問題2 ……………………………………………… 24

第3章　述語論理 …………………………………………… 26
　3.1　命題論理の限界 ……………… 26　｜　3.4　論理式の解釈 ………………… 32
　3.2　述語 …………………………… 27　｜　3.5　論理的帰結 …………………… 34
　3.3　変数と量化子 ………………… 29　｜　3.6　同値式 ………………………… 35
　第3章のまとめ …………………………………………… 38
　練習問題3 ……………………………………………… 38

第4章　推論と証明 ………………………………………… 40
　4.1　三段論法 ……………………… 40　｜　4.3　推論と証明 …………………… 43
　4.2　その他の推論 ………………… 42　｜　4.4　数学における各種証明法 …… 48
　第4章のまとめ …………………………………………… 54
　練習問題4 ……………………………………………… 54

第5章　初等的集合論 (I) ………………………………… 56
　5.1　基礎概念 ……………………… 56　｜　5.3　直積と関係 …………………… 64
　5.2　基本的な集合演算 …………… 58　｜　5.4　集合の集合 …………………… 67
　第5章のまとめ …………………………………………… 68
　練習問題5 ……………………………………………… 68

第6章　初等的集合論 (II) ………………………………… 70
　6.1　写像 …………………………… 70　｜　6.2　濃度 …………………………… 77
　第6章のまとめ …………………………………………… 78
　練習問題6 ……………………………………………… 79

第7章　数列 (I) …………………………………………… 80
　7.1　数列と級数 …………………… 80　｜　7.2　等差数列と等比数列 ………… 83
　第7章のまとめ …………………………………………… 90
　練習問題7 ……………………………………………… 91

第 8 章　数列 (II) ……… 92
- 8.1　数列と漸化式 ……… 92
- 8.2　漸化式と一般項 ……… 93
- 8.3　数列と数学的帰納法 ……… 96
- 8.4　数列の極限 ……… 99
- 第 8 章のまとめ ……… 102
- **練習問題 8** ……… 102

第 9 章　流れ図とアルゴリズム ……… 104
- 9.1　流れ図の記法 ……… 104
- 9.2　判断分岐 ……… 106
- 9.3　繰り返し ……… 108
- 9.4　配列と繰返し ……… 111
- 9.5　関数の呼び出しと実行 ……… 112
- 第 9 章のまとめ ……… 115
- **練習問題 9** ……… 116

第 10 章　指数と対数 ……… 117
- 10.1　指数 ……… 117
- 10.2　対数 ……… 121
- 第 10 章のまとめ ……… 125
- **練習問題 10** ……… 126

第 11 章　データと計算量 ……… 127
- 11.1　データ型と桁数 ……… 127
- 11.2　データ構造とデータ量 ……… 130
- 11.3　計算量 ……… 133
- 11.4　データ探索と計算量 ……… 135
- 第 11 章のまとめ ……… 138
- **練習問題 11** ……… 139

第 12 章　述語論理と論理プログラム ……… 140
- 12.1　述語論理の復習 ……… 140
- 12.2　冠頭標準形 ……… 140
- 12.3　スコーレム関数と節集合 ……… 142
- 12.4　導出原理と論理プログラム ……… 144
- 第 12 章のまとめ ……… 150
- **練習問題 12** ……… 151

補講　更に学習を進めるために ……… 152
- 補.1　各種証明の妥当性 ……… 152
- 補.2　集合の濃度 ……… 154
- 補.3　公理的集合論 ……… 157
- 補.4　数列の極限 ……… 158
- 補.5　Prolog とリスト処理 ……… 159

まとめの解答 ……… 163
問の略解 ……… 164
練習問題の略解 ……… 180
索引 ……… 191
参考文献 ……… 193

第1章 数学への序章

> 数学は数に関する学問ですが，算数と違って数自体はあまり出てきません．数学では数そのものよりもむしろ，変数や記号を扱います．もっとも，数学を勉強するためには，数に関する性質や表記などについてあらかじめ理解しておく必要があります．そこで，本題に入る前に，この章で数の概念や集合記法など高校の1年生レベルの内容について概観しておくことにします．

1.1 数の分類

数はいくつかに分類される．最初に誕生したのは自然数であるが，この自然数を出発点として，整数，有理数，実数，…と次第に拡張されていった．以下では，数の分類を方程式との関連でみていこう．

1 数の種類

a）自然数

1, 2, 3, 4, …とモノを数えることは幼児でもできるが，十，百，千，万，億，兆，京，垓，…といった単位を知らなければ数えることにも自ずと限界があるし，数それ自体は無限に存在する．この「モノを数える」ことに用いられる数を**自然数**（natural number）という．

なお，高校までの数学（および算数）では自然数は1から始まるものとされているが，コンピュータ科学では0も含める．すなわち，コンピュータ科学では，自然数は 0, 1, 2, 3, 4, …と，0から始まるものと定義される．ただし，本書では，自然数は原則として1から始まるものとして話を進めることにする．

b）整数

自然数どうしの足し算の結果は自然数となる．しかし，例えば，
$$x+8 = 5$$
という方程式は，自然数の範囲では解くことができない．

【注】 方程式 $x+8=5$ の解は $x=-3$ であるが，-3 は自然数ではない．

そこで，このような足し算の方程式がすべて解けるように拡張された．その結果得られたのが**整数**（integer）である．整数では，正負という概念が加わっている．すなわち，整数は，正の整数（1, 2, 3, …），0，負の整数（$-1, -2, -3$, …）からなる．整数を順番に並べると，
$$\cdots, -3, -2, -1, 0, 1, 2, 3, \cdots$$
となるように，整数では自然数と違って最小の数も最大の数も存在しない．

c）有理数

整数どうしの足し算，引き算の結果は整数となる．しかし，例えば，
$$x \times 3 = 2$$
という方程式は，整数の範囲では解くことができない．

【注】 方程式 $x \times 3 = 2$ の解は $\frac{2}{3}$ であるが，$\frac{2}{3}$ は整数ではない．

そこで，このような掛け算の方程式がすべて解けるように拡張された．その結果得られたのが**有理数**（rational number）である．有理数はすべて整数による分数の形式で記述できるが，小数表現した場合，有限小数になるものと無限小数になるものに分かれる．有理数の場合は，無限小数になるとはいっても同じパターンの繰り返しが続くものであり，これを**循環小数**（recurring decimal）という．例えば，
$$\frac{3}{4} = 0.75 \quad \text{や} \quad \frac{1}{5} = 0.2$$
などは有限小数であるが，
$$\frac{2}{3} = 0.666\cdots \quad \text{や} \quad \frac{1}{7} = 0.142857142857\cdots$$
などは循環小数である．

d）実数

有理数の場合，足し算，引き算，かけ算，わり算の結果はすべて有理数である（ただし，0 によるわり算は除く）．しかし，例えば，
$$x^2 = 2$$
という方程式は，有理数の範囲では解くことができない．

そこで，このような方程式がすべて解けるように拡張された．その結果得られたのが**実数**（real number）である．有理数でない実数を**無理数**（irrational number）という．すなわち，無理数は整数による分数の形式で記述することのできない実数であり，小数表現すると循環しない無限小数となる．例えば，$\sqrt{2} = 1.414213\cdots$ や円周率 $\pi = 3.1415926\cdots$ は無理数である．

【注】 方程式 $x^2 = 2$ の正数の解を $\sqrt{2}$ と記述する．$\sqrt{2}$ が無理数であることの証明は第 4 章に譲る．

e）複素数

我々が通常用いる数は実数である．しかし，方程式との関係でいえば，実数でも十分とはいえないのである．例えば，
$$x^2 = -1$$
という方程式は，実数の範囲でも解くことはできない．そこで，さらに**複素数**（complex number）へと拡張された．実数でない複素数を**虚数**（imaginary number）という．

複素数は，a, b を実数とすると，
$$a + bi$$

と表される．ここで，i は**虚数単位**（imaginary unit）といい，$i=\sqrt{-1}$ と定義されている．
$i^2 = -1$ である．したがって，上記方程式の解は $x = \pm i$ である．

なお，複素数 $a+bi$ は，$b=0$ のとき実数 a，$a=0$ のとき**純虚数**（pure imaginary number）bi となる．

ところで，実数には**順序**（order）がある．x, y を任意の実数とすると，

$$x > y, \quad x = y, \quad x < y$$

のいずれかが必ず成立する．それに対し，複素数では順序という概念が存在しない．複素数では大小比較ができないのである．

例えば，$1+2i$ と $3-4i$ はどちらが大きいとも小さいともいえない．

以上を整理すると，**図1.1**のようになる．なお，本書では，特に明記しない限り，実数のみを扱い複素数は扱わない．

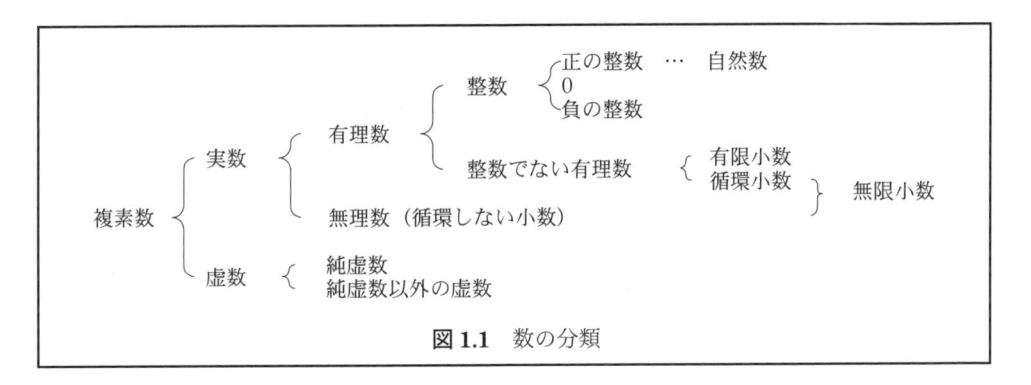

```
                        ┌ 正の整数 … 自然数
              ┌ 整数  ┤ 0
              │        └ 負の整数
      ┌ 有理数┤                         ┌ 有限小数
      │      │                          │ 循環小数 ┐
実数 ┤        └ 整数でない有理数        ┘          ├ 無限小数
複素数┤     └ 無理数（循環しない小数）              ┘
      │
      └ 虚数 ┌ 純虚数
              └ 純虚数以外の虚数
```

図1.1 数の分類

1.2 集合と写像

1 集合とは

集合（set）とはある一定の条件を満たす「もの」の集まりをいう．ただし，「もの」の集まりであれば，何でも集合と呼べるわけではない．「もの」と集合との所属関係が明確でなければならない．例えば，

  1から10までの自然数の集まり

は集合である．しかし，

  うちの近所に住んでいる人の集まり

はどこまでが「近所」なのか不明なので，集合とはいえない．

集合を構成する「もの」のことを**要素**（member）または**元**（element）という．要素 x が集合 A に含まれていることを，x は集合 A に属するといい，

$$x \in A$$

と記述する．逆に，x が集合 A に含まれていないときは，

$$x \notin A$$

と表す．

集合は，その集合に含まれる要素をすべて列挙することができるときには，それらをコンマで区切り，全体を中括弧で囲んで表す．これを**外延的記法**（extensional notation）という．例えば，

$$\{3, 4, 5, 6\}$$

のように記述する．これは 3〜6 の自然数の集合を表している．ここで，要素を記述する際の順番は任意である．すなわち，$\{3, 4, 5, 6\}$ と $\{5, 4, 6, 3\}$ は同じ集合を表す．

集合はまた，

$$\{x \mid x\text{ に関する条件}\}$$

と表すこともある．こちらは**内包的記法**（intensional notation）という．例えば，1 以上 3 以下の実数の集合は $\{x \mid x\text{ は実数で，} 1 \leqq x \leqq 3\}$ と記述できる．なお，上記の x は変数である．内包的記法で使用する変数は x でなくても，y でも z でもかまわない．

なお，一般に，数の集合に関しては以下の文字が用いられる．

- N … 自然数全体の集合
- Z … 整数全体の集合
- Q … 有理数全体の集合
- R … 実数全体の集合
- C … 複素数全体の集合

例題 1.1

1), 2) の集合は外延的に，3), 4) の集合は内包的に記述せよ．

1) 5 以上 10 以下の自然数の集合　　2) 15 以上 20 未満の自然数の集合

3) 5 以上 10 以下の実数の集合　　4) 1 より大きく 18 より小さい実数の集合

【解答】

1) $\{5, 6, 7, 8, 9, 10\}$　　2) $\{15, 16, 17, 18, 19\}$

3) $\{x \mid x\text{ は実数で，} 5 \leqq x \leqq 10\}$　　4) $\{x \mid x\text{ は実数で，} 1 < x < 18\}$

問 1.1 1), 2) の集合は外延的に，3), 4) の集合は内包的に記述せよ．

1) -2 以上 2 以下の整数の集合　　2) 0 より大きく 10 以下の整数の集合

3) -2 以上 2 以下の実数の集合　　4) -3 より大きく 5 未満の実数の集合

例題 1.2

以下を記号で記述せよ．

1) 3 は集合 $\{1, 2, 3\}$ に含まれる．　　2) 6 は集合 $\{2, 3, 4, 5\}$ に含まれない．

【解答】
1) $3 \in \{1, 2, 3\}$　　2) $6 \notin \{2, 3, 4, 5\}$

問 1.2 以下を記号で記述せよ．
1) 25 は自然数全体の集合 N に含まれる．
2) π は有理数全体の集合 Q に含まれない．

2　写像とは

写像（mapping）とは，ある集合 A 内の各要素を別の集合 B 内の要素に対応づける対応関係のことをいい，A を**定義域** (domain)，B を**値域** (range) という．写像 f の定義域が A で値域が B であることを

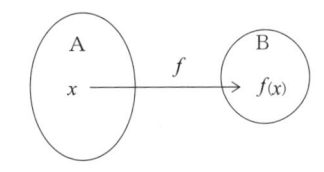

$$f : A \to B$$

と表す．集合 A 内の要素を x とするとき，x に対応する集合 B 内の要素は $f(x)$ と表される．この $f(x)$ を，x における**写像 f の値**という．例えば，自然数 n をその次の数 $n+1$ に対応させる写像を f とすると，

$$f : N \to N$$

となる．ここで，N は自然数全体の集合であり，$f(n) = n+1$ である．

なお，写像は，数のみを対象とするときは**関数**（function）とも呼ばれる．もっとも，写像と関数とを特に区別しないことも多い．

図 1.2　写像

― **例題 1.3** ―――――――――――――――――――
$f(x) = x^2 + x - 1$ とするとき，以下の値を求めよ．
1) $f(0)$　　2) $f(4)$
――――――――――――――――――――――――

【解説】
x に 0 や 4 を当てはめて（代入して）計算すればよい．

【解答】
1) $f(0) = 0^2 + 0 - 1 = -1$　　2) $f(4) = 4^2 + 4 - 1 = 16 + 4 - 1 = 19$

問 1.3　$f(x) = x^2 - 2x$ とするとき，以下の値を求めよ．
1) $f(3)$　　2) $f(-1)$

― **例題 1.4** ―――――――――――――――――――
$f(x) = x^2 + x - 1$ とするとき，以下の値を求めよ．
1) $f(t)$　　2) $f(t+1)$
――――――――――――――――――――――――

【解説】
　　　1) では x を t に置き換えるだけであるが，2) では x に $t+1$ を代入した後に計算が必要となる．

【解答】
$$1)\quad f(t) = t^2+t-1 \qquad 2)\quad f(t+1) = (t+1)^2+(t+1)-1$$
$$= (t^2+2t+1)+(t+1)-1$$
$$= t^2+3t+1$$

問 1.4 $f(x)=x^2-2x$ とするとき，以下の値を求めよ．

　　1) $f(n+1)$　　2) $f(x-1)$

写像は数のみを対象とするわけではない．例えば，**図 1.3** の写像 like を考えよう．図 1.3 では，

　　定義域 A＝{太郎，次郎，花子}

　　値域 B＝{リンゴ，イチゴ，オレンジ}

であり，各要素の対応関係は矢印で示してある．例えば，太郎の値 like（太郎）は

　　like（太郎）＝イチゴ

である．

このような写像の記法を用いると，例えば，太郎の父親は father（太郎），太郎の母親は mother（太郎）と表すことができる．ここで，father は人をその人の父親に対応させる写像であり，mother は人をその人の母親に対応させる写像である．

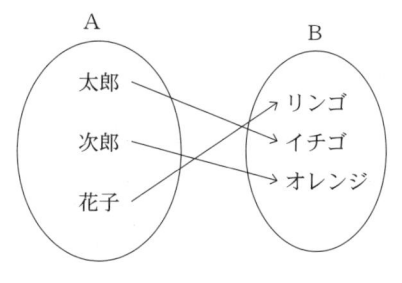

図 1.3 写像 like

写像に関する詳細は，第 6 章「初等的集合論（Ⅱ）」で述べる．

第 1 章のまとめ

1) ものを数えるときに用いる数を　a)　という．
2) 　a)　に正負の概念を付加して拡張した結果，　b)　が得られた．
3) 　b)　を用いて分数の形式で表現できる数を　c)　という．
4) 　c)　を小数で表すと，有限小数または　d)　になる．
5) 我々が通常用いる数は　e)　である．円周率 π などのような　c)　でない　e)　を　f)　という．
6) $a+bi$ という形式の数を　g)　という．
7) 　e)　でない　g)　を　h)　という．
8) 範囲が明確である「もの」の集まりを　i)　という．
9) 　i)　に含まれる「もの」を　j)　または元という．
10) x が A に含まれることを　k)　と記述する．

11) 集合Aの要素と集合Bの要素との対応関係を[l)]または関数という．

12) xにおける[l)] f の値を[m)]と記述する．

練習問題 1

【1】 以下の集合を外延的に記述せよ．
　　1) 国語，数学，英語という科目の集合．
　　2) -2 以上 4 未満の整数の集合．

【2】 以下の集合を内包的に記述せよ．
　　1) 0 以上 5 以下の整数の集合　　　2) 0 以外の実数の集合

【3】 以下を記号で記述せよ．
　　1) 3 は集合 $\{1, 2, 3, 4, 5\}$ に含まれる．
　　2) $1-i$ は実数全体の集合 R に含まれない．

【4】 $f(x) = 2x^2 - 3x$ のとき，以下の値を求めよ．
　　1) $f(5)$　　　2) $f(n)$　　　3) $f(2t+1)$

第 2 章　命題論理

> 　記号論理学は，数学やコンピュータ科学と深い関わりがあります．記号論理学といっても様々な領域があるわけですが，その中で最も基本となるのがこの章で学習する命題論理です．数学やコンピュータ科学を勉強するためには，命題論理を避けて通ることはできません．

2.1　命題と真理値

1 命題

　命題（proposition）とは，正しいか間違っているかを客観的に評価できる陳述（主張・事柄）のことである．例えば，次のような陳述を考えてみよう．

　　p_1：1 時間は 60 分である．

　　p_2：3 は 2 より小さい．

　　p_3：日本の首相は若い．

　一般常識によると，p_1 は正しく，p_2 は間違っている．すなわち，p_1 と p_2 は正しいか間違っているかが客観的に評価できる．したがって，両者は命題である．

　しかし，p_3 は客観的な評価ができないので命題とは言えない．「若い」という表現は主観的であって，どのような集合の話かが明示されない限り，正しいとも間違っているとも言えないからである．一般に，「若い」，「近い」，「新しい」などの形容詞を原級のまま用いている場合は客観的な評価ができないので，それらを用いた陳述は命題とは言いがたいと考えておけばよい．もっとも，「より若い」，「最も近い」など比較級や最上級で用いるときはその限りではない．

例題 2.1

以下の陳述は命題と言えるか．

1)　1 日は 24 時間である．

2)　大阪は日本の首都である．

3)　日本は近い将来大統領制をとる．

【解説】

　　1) は正しく，2) は間違っている．3) は客観的な評価ができない．

【解答】

　　1)　命題である．　　2)　命題である．　　3)　命題ではない．

問 2.1　以下の陳述は命題と言えるか．

1) ニューヨークはアメリカ合衆国の首都である．
2) この本の著者は背が高い．
3) 1 たす 1 は 2 である．

2 命題の真理値

さて，以下では，命題のみを扱っていこう．

命題の場合は，必ず，正しいか間違っているかが客観的に評価できる．正しい命題を**真**である (true) といい，間違っている命題を**偽**である (false) という．このような真や偽のことを**真理値** (truth value) という．

命題は必ず真理値を持つ．先に述べた命題 p_1 は正しいので真であり，命題 p_2 は間違っているので偽である．

例題 2.2

以下の命題の真理値を述べよ．
1) 日本はアジアにある．　　2) 1 時間は 3600 秒である．
3) 3+4 は 7 より小さい．

【解説】
　　1) と 2) はその通りであり正しい．3) は間違っている．3+4 は 7 であり，7 は 7 より小さいとは言えないからである．

【解答】
　　1) 真　　2) 真　　3) 偽

問 2.2 以下の命題の真理値を答えよ．
1) 太陽系の惑星は地球と火星のみである．　　2) 1 年は 365 日以上である．
3) アメリカ合衆国の面積は日本の面積より小さい．

2.2 論理演算子

1 複合命題

日本語では，「かつ」や「または」といった接続詞を使って，簡単な命題から複雑な命題を作ることができる．例えば，先の p_1 と p_2 を用いると，次のような新しい命題が記述できる．

　　p_4：1 時間は 60 分であり，かつ，3 は 2 より小さい．

　　p_5：1 時間は 60 分であるか，または，3 は 2 より小さい．

これら接続詞を用いて形成された新しい命題を，**複合命題** (compound proposition) または**合成命題**という．複合命題も命題なので真理値を持つ．複合命題 p_4 の真理値は偽であり，p_5 の真理値は真である．その理由は以下で明らかとなる．

2 論理演算子の種類

「かつ」や「または」のような接続詞は，**論理演算子**(logical operator) または**論理結合子**(logical connective) と呼ばれる．命題論理における主な論理演算子には，論理積，論理和，否定，含意，同値などがある．これら論理演算子は，以下のように固有の記号を用いて表す．

$$
\begin{aligned}
&\land \quad \cdots \quad 論理積（\text{conjunction}；\text{AND}）\\
&\lor \quad \cdots \quad 論理和（\text{disjunction}；\text{OR}）\\
&\sim \quad \cdots \quad 否定（\text{negation}；\text{NOT}）\\
&\to \quad \cdots \quad 含意（\text{implication}；\text{IF THEN}）\\
&\leftrightarrow \quad \cdots \quad 同値（\text{equivalence}）
\end{aligned}
$$

複合命題の真理値は，基本となる命題（**基本命題**）と論理演算子によって一意に定まる．以下では，基本命題を p や q などの文字で表している．

a．論理積

論理積は2つの命題 p と q を「かつ」でつないで新しい命題を作る．論理積により得られる新しい命題は **p∧q** と表し，「**p かつ q**」と読む．

$p \land q$ の真理値は，p と q が共に真のときのみ真であり，少なくとも一方が偽のときは偽である．これを表にすると，**表 2.1** のようになる．表では，真を T で，偽を F で表している（以下では，真理値を T と F で表すことにする）．

b．論理和

論理和は2つの命題 p と q を「または」でつないで新しい命題を作る．論理和により得られる新しい命題は **p∨q** と表し，「**p または q**」と読む．

表 2.1 論理積

p	q	p∧q
T	T	T
T	F	F
F	T	F
F	F	F

表 2.2 論理和

p	q	p∨q
T	T	T
T	F	T
F	T	T
F	F	F

表 2.3 否定

p	∼p
T	F
F	T

表 2.4 含意

p	q	p→q
T	T	T
T	F	F
F	T	T
F	F	T

表 2.5 同値

p	q	p↔q
T	T	T
T	F	F
F	T	F
F	F	T

p∨qの真理値は，表 2.2 に示すように，p と q のうち少なくとも一方が真のときは真，共に偽のときは偽となる．

なお，共に真のときは偽となる論理和もある．こちらは**排他的論理和**といい，p⊕q と表す．排他的論理和はハードウェア上は重要であるが，ソフトウェア上は排他的でない論理和の方が重要である．そこで，以下では，特に断らない限り論理和といえば排他的でない p∨q の方を表すものとする．

c．否定

命題 p の否定「p ではない」は**～p** と表す．これはもとの命題 p の真理値を逆転させる．すなわち，p が真のときその否定～p は偽となり，p が偽のとき～p は真となる（表 2.3 参照）．

p の否定を¬p や p̄ と表す書物もあるが，本書では～p で統一する．

d．含意

含意 **p→q** は，「p ならば q である」ことを意味する．p が偽のときまたは q が真のとき，p→q は真である．p が真で q が偽のときのみ p→q は偽となる（表 2.4 参照）．含意 p→q の真理値は，初心者には理解しにくいもののようであるが，この演算子の意味するところは後に明らかとなる．

なお，含意 p→q において，p を**前提**（premise），q を**結論**（conclusion）という．

e．同値

p と q が同値であるとは，両者が同じ真理値を持つことを意味し，**p↔q** と表す．同値 p↔q は，p と q が同じ真理値を持つとき真，そうでないとき偽となる（表 2.5 参照）．なお，「p→q と q→p が同じ真理値を持つとき p と q は**同値**である」と定義する書物もある．この 2 つの定義が本質的には同じであることが後に示される．

例題 2.3

p が T，q が F のとき，以下の複合命題の真理値を求めよ．

1) p∧q   2) p∨q   3) ～p   4) p→q   5) p↔q

【解説】
　　表 2.1～表 2.5 を参照せよ．

【解答】
　　1) F　　　2) T　　　3) F　　　4) F　　　5) F

問 2.3 p が F，q が T のとき，以下の複合命題の真理値を求めよ．

1) p∧q   2) p∨q   3) ～p   4) p→q   5) p↔q

例題 2.4

以下の複合命題の真理値を答えよ．

1) 1 日は 24 時間であり，かつ，1 時間は 60 分である．

12　第2章　命題論理

2) アメリカに女性の大統領がいるか，または，日本に女性の首相がいる．

3) 本書は日本語で書かれていない．

【解説】

各複合命題に含まれる基本命題とその真理値は以下の通りである．

「1日は24時間である」 … T

「1時間は60分である」 … T

「アメリカに女性の大統領がいる」 … F

「日本に女性の首相がいる」 … F

「本書は日本語で書かれている」 … T

【解答】

1)　T∧T=T　　　2)　F∨F=F　　　3)　～T=F

問 2.4　以下の複合命題の真理値を答えよ．

1) 1たす2は3であるか，または，4は3より大きい．

2) 1週間は7日ではない．

3) 2月は28日であり，かつ，3月は30日である．

2.3　論理式とその真理値

1 （整合）論理式

基本命題と論理演算子を複数組み合わせることによって，より複雑な複合命題を表すことができる．そのような複雑な複合命題を記号化したものを**論理式**（logical formula），正式には**整合論理式**（well-formed formula）という．例えば，

$$(p \land q) \to (\sim r)$$

は論理式である．なお，この式の中で用いられている p, q, r のような基本命題を表す文字を**基本論理式**（atomic formula），または，単に**アトム**（atom）という．

論理式の厳密な定義は次の通りである．

論理式の定義

命題論理における論理式は，以下のように再帰的に定義される．

1) アトムは論理式である．

2) P が論理式ならば，(～P) も論理式である．

3) P, Q が論理式ならば，

　　(P∧Q), (P∨Q), (P→Q), (P↔Q)

も論理式である．

4) すべての論理式は，上の規則により生成される．

もっとも，混乱が生じない場合には丸括弧（ ）は省略できる．その場合，各論理演算子には，以下の順に優先順位がついているものとみなす．すなわち，**優先順位**は，否定〜が一番高く，同値↔が一番低い．

$$\sim, \land, \lor, \to, \leftrightarrow$$

なお，論理積が連続する場合は，どれを先に計算してもかまわないので，丸括弧を省略できる．なぜならば，

$$(p\land q)\land r = p\land(q\land r) = p\land q\land r$$

が成立するからである．同様に，

$$(p\lor q)\lor r = p\lor(q\lor r) = p\lor q\lor r$$

となるので，論理和が連続する場合についても丸括弧を省略してもよい．

ただし，含意などについては，上記の事柄は成立しない．例えば，

$$(p\to q)\to r \quad と \quad p\to(q\to r)$$

は異なる論理式であり，意味も違う．実際，$(p\to q)\to r$ の方は「$p\to q$ という条件が成立するときに r が成立する」という主張であるのに対し，$p\to(q\to r)$ のほうは「p という条件が成立するときに $q\to r$ が成立する」という主張である．したがって，括弧を省略することはできない．

例題 2.5

以下の論理式に括弧を付けて，優先順位を明確にせよ．

$$p\lor s \to q\land\sim r$$

【解答】

$$((p\lor s) \to (q\land(\sim r)))$$

問 2.5 以下の論理式に括弧を付けて，優先順位を明確にせよ．

1) $p\lor\sim p$ 2) $p\land\sim q\to r$

2 解釈

論理式は命題を表現したものなので真理値を持つ．ただ，論理式の真理値は，アトムがどのような真理値を持つかによって決まる．論理式に含まれるアトムが持つ真理値の組をその論理式の**解釈**（interpretation）という．解釈が確定すると，その論理式の真理値も確定する．

例えば，例題 2.5 の論理式は，p, q, r, s という4つのアトムから構成されているので，p = T, q = F, r = F, s = F という真理値の組は，例題 2.5 の論理式における1つの解釈である．この解釈における論理式の真理値は，演算順位を考慮して次のように計算できる．

$$\begin{aligned}p\lor s\to q\land\sim r &= (T\lor F)\to(F\land\sim F)\\ &= T\to(F\land T)\\ &= T\to F\end{aligned}$$

$$= \text{F}$$

一方，p = T, q = T, r = F, s = F という解釈の場合であれば，

$$p \lor s \to q \land \sim r = (\text{T} \lor \text{F}) \to (\text{T} \land \sim \text{F})$$
$$= \text{T} \to (\text{T} \land \text{T})$$
$$= \text{T} \to \text{T}$$
$$= \text{T}$$

となる．

一つの解釈は，第1章で述べた集合を用いて表現することもある．その集合（**解釈集合**という）には，**真となるリテラルのみ**を記述する．ここで，**リテラル**（literal）とは，アトムまたはアトムの否定をいう．例えば，先に述べた解釈（p = T, q = F, r = F, s = F）を集合で表現すると，

$$\{p, \sim q, \sim r, \sim s\}$$

となる．この例では，アトム p は T なのでそのまま集合に入れ，q, r, s は F なのでその否定を集合に入れている．

例題 2.6

$\{p, \sim q, r, s\}$ という解釈における論理式

$$(p \land q) \land r \to \sim s$$

の真理値を求めよ．

【解説】

p, ～q, r, s が真であるから，p = T, q = F, r = T, s = T である．

【解答】

$$\text{与式} = (\text{T} \land \text{F}) \land \text{T} \to \sim \text{T}$$
$$= \text{F} \land \text{T} \to \text{F}$$
$$= \text{F} \to \text{F}$$
$$= \text{T}$$

問 2.6 解釈を $\{\sim p, q, r\}$ とするとき，以下の論理式の真理値を求めよ．

1) $\sim p \to p \lor q$　　2) $p \land q \to \sim r$　　3) $\sim p \to p \lor (\sim q \land r)$

2.4　真理値表

すでに述べたように，論理式の真理値は，解釈が与えられれば一意に決まる．論理式のすべての解釈に対しその論理式がどのような真理値を持つかを記述した表を，その論理式の**真理値表**（truth table）という．

論理式に n 個の異なるアトムがある場合,その論理式の解釈は 2^n 通りある.真理値表における 1 行は 1 つの解釈であるから,その論理式の真理値表は 2^n 行になることになる.

真理値表を作成する場合には,以下のようにするとよい.

- アトムが n 個ある場合,まず,2^n 個の解釈を規則正しく並べる.
- 論理式内の優先順位の高い演算子から順に計算していく.その過程を,1 列ごとに明示していく.

例題 2.7

論理式 $p \lor q \to p \land \sim q$ の真理値表を作成せよ.

【解説】 この論理式を構成するアトムは,p と q の 2 つなので,真理値表は $2^2 = 4$ 行となる.

【解答】

p	q	$p \lor q$	$\sim q$	$p \land \sim q$	$p \lor q \to p \land \sim q$
T	T	T	F	F	F
T	F	T	T	T	T
F	T	T	F	F	F
F	F	F	T	F	T

問 2.7 以下の論理式の真理値表を作成せよ.

1) $p \lor \sim p$ 2) $\sim p \to p \land q$
3) $p \land q \to \sim q \lor r$ (ヒント:8 行になる)

2.5 恒真式と矛盾式

この節では,恒真式・矛盾式といった特殊な論理式について述べる.これらは,第 4 章で述べる「推論」において重要な役割を演じる.

1 恒真式

いかなる解釈においても真となる論理式を**恒真式**(tautology)という.例えば,

$$p \lor \sim p$$

は恒真式である.p が T のときも F のときも,$p \lor \sim p$ は T だからである.

【注】 $p \lor \sim p$ は「p であるか,または p ではない」という主張を表す.

与えられた論理式が恒真式かどうかは,真理値表を作成することで確かめることができる.

例題 2.8

以下の論理式が恒真式かどうかを調べよ.

$p \land (p \to q) \to q$

【解説】
　　与えられた論理式の真理値表を作成すればよい．含まれるアトムはpとqの2つなので，真理値表は4行となる．

【解答】

p	q	p→q	p∧(p→q)	p∧(p→q)→q
T	T	T	T	T
T	F	F	F	T
F	T	T	F	T
F	F	T	F	T

　　表の右端をみると与えられた論理式の真理値はすべてTとなっている．したがって，論理式 p∧(p→q)→q は恒真式である．

問 2.8　以下の論理式は恒真式か．真理値表を作成して確かめよ．
1) (p→q)∧〜q→〜p
2) (p→q)∧(q→r)→(p→r)　（ヒント：8行になる）

2　矛盾式

いかなる解釈においても偽となる論理式を，**矛盾式**（contradiction）または，**恒偽式**という．例えば，

$$p \land \sim p$$

は矛盾式である．pがTのときもFのときも，p∧〜pはFとなるからである．

　【注】　p∧〜pは「pであり，かつpでない」というあり得ない主張を表す．

　与えられた論理式が矛盾式かどうかについても，恒真式の場合と同様，真理値表を作成すれば明らかとなる．

例題 2.9

以下の論理式が矛盾式かどうかを調べよ．
$$p \land (p \to q) \land \sim q$$

【解説】
　　与えられた論理式の真理値表を作成すればよい．含まれるアトムはpとqの2つなので，真理値表は4行となる．

【解答】

p	q	p→q	p∧(p→q)	〜q	p∧(p→q)∧〜q
T	T	T	T	F	F
T	F	F	F	T	F
F	T	T	F	F	F
F	F	T	F	T	F

表の右端をみると与えられた論理式の真理値はすべて F となっている．したがって，論理式 p∧(p → q)∧∼q は矛盾式である．

問 2.9 以下の論理式が矛盾式であることを，真理値表を作成して確かめよ．
1) (∼q →∼p)∧∼q∧p
2) (p → q)∧(q → r)∧p∧∼r

なお，定義から明らかなように，恒真式の否定は矛盾式であり，矛盾式の否定は恒真式である．

2.6　論理式の変形

1　式の同値性

P と Q を論理式とする．任意の解釈に対し，2 つの論理式 P, Q が同じ真理値であるとき，**P と Q は同値**（equivalence）であるといい，**P = Q** と記述する．

> 【注】すでに述べた論理演算子としての同値↔は，P↔Q 全体が対象となる論理式であるが，P = Q は 2 つの論理式 P と Q を対象としている．また，P↔Q は恒真式とは限らない．一方，P = Q と記述した場合は，全体を論理式と見なすと恒真式である（常に成立する）ことを意味している．

例えば，

$$p \to q = \sim p \lor q$$

となる．これは，以下のように，真理値表で確かめることができる．

p	q	p → q
T	T	T
T	F	F
F	T	T
F	F	T

p	q	∼q	∼p∨q
T	T	F	T
T	F	F	F
F	T	T	T
F	F	T	T

例題 2.10

以下が成立することを真理値表で確かめよ．
$$p \leftrightarrow q = (p \to q) \land (q \to p)$$

【解説】

含まれるアトムは p と q の 2 つなので，真理値表は 4 行となる．

【解答】

p	q ‖ p↔q
T	T ‖ T
T	F ‖ F
F	T ‖ F
F	F ‖ T

p	q ‖ p→q	q→p	(p→q)∧(q→p)
T	T ‖ T	T	T
T	F ‖ F	T	F
F	T ‖ T	F	F
F	F ‖ T	T	T

2つの真理値表において，すべての解釈における真理値が全く等しいので，

$$p↔q = (p→q)∧(q→p)$$

が成立する．

【注】例題2.10でみたように，p↔qと(p→q)∧(q→p)は同値である．そのため，「p→qとq→pが同時に成立しているときにp↔qとなる」と定義している書物もある．

問 2.10 以下が成立することを真理値表で確かめよ．

1) $p∧(q∨r) = (p∧q)∨(p∧r)$
2) $p∨(q∧r) = (p∨q)∧(p∨r)$
3) $\sim(p∧q) = \sim p ∨ \sim q$
4) $\sim(p∨q) = \sim p ∧ \sim q$

2 変形公式

同値な式を整理すると，**図 2.1** のようになる．ここで，P，Q，Rは任意の論理式である．また，■は**恒真式**を，□は**矛盾式**を意味している．

これらを用いて，与えられた論理式を変形することができる．以下に，簡単な例を示そう．

$$(p∧q)→r = \sim(p∧q)∨r$$
$$= (\sim p ∨ \sim q)∨r$$
$$= \sim p ∨ \sim q ∨ r$$

最初の変形では，変形公式2を用いている．次の変形では，ド・モルガンの法則11.bを用いている．最後は，すべて論理和なので括弧を省略しただけである．

図 2.1 の変形公式はいずれも重要であるが，特に，分配法則（変形公式5）とド・モルガンの法則（変形公式11）は間違えやすいので，しっかり理解しておこう．前述の問2.10の1)と2)が分配法則の妥当性を，3)と4)がド・モルガンの法則の妥当性を示している．

1　$P↔Q = (P→Q)∧(Q→P)$
2　$P→Q = \sim P ∨ Q$
3　交換法則
　　a) $P∨Q = Q∨P$　　　　　　　　b) $P∧Q = Q∧P$
4　結合法則
　　a) $(P∨Q)∨R = P∨(Q∨R) = P∨Q∨R$
　　b) $(P∧Q)∧R = P∧(Q∧R) = P∧Q∧R$

5　分配法則
　　a) $P \vee (Q \wedge R) = (P \vee Q) \wedge (P \vee R)$　　　b) $P \wedge (Q \vee R) = (P \wedge Q) \vee (P \wedge R)$

6　a) $P \vee {\sim} P = ■$　　　b) $P \wedge {\sim} P = □$

7　a) $P \vee □ = P$　　　b) $P \wedge ■ = P$

8　a) $P \vee ■ = ■$　　　b) $P \wedge □ = □$

9　a) $P \vee P = P$　　　b) $P \wedge P = P$

10　二重否定
　　${\sim}({\sim}P) = P$

11　ド・モルガンの法則
　　a) ${\sim}(P \vee Q) = {\sim}P \wedge {\sim}Q$　　　b) ${\sim}(P \wedge Q) = {\sim}P \vee {\sim}Q$

（注）■は恒真式を，□は矛盾式を表す

図 2.1　変形公式

例題 2.11

変形公式を用いて，$p \to q$ の否定が $p \wedge {\sim}q$ となることを示せ．

【解説】

図 2.1 の変形公式を一つずつ適用していけばよい．

【解答】

$$
\begin{aligned}
{\sim}(p \to q) &= {\sim}({\sim}p \vee q) && （変形公式 2 \text{ より}）\\
&= {\sim}({\sim}p) \wedge ({\sim}q) && （変形公式 11.a \text{ より}）\\
&= p \wedge {\sim}q && （変形公式 10 \text{ より}）
\end{aligned}
$$

【補足】　含意 $p \to q$ は，「p が成立しているときは必ず q も成立する」という主張を表す．これは，言い換えれば，「p が成立しているのに q が成立しない（$p \wedge {\sim}q$）」ということはないことを意味している．すなわち，

$$p \to q = {\sim}(p \wedge {\sim}q)$$

が成立する．これが，含意 $p \to q$ の元々の意味なのである．したがって，例題 2.11 の式

$${\sim}(p \to q) = p \wedge {\sim}q$$

が成立するのは当然である．

問 2.11　変形公式を用いて，以下を証明せよ．

1) $p \to p$ は恒真式である．

2) $p \wedge (p \to q)$ は $p \wedge q$ と同値である．

3　逆と対偶

命題 $p \to q$ に対し，命題 $q \to p$ を**逆**（converse）という．命題 $p \to q$ が真であったとしても，逆 $q \to p$ は真であるとは限らない．例えば，「正三角形ならば二等辺三角形である」は真であるが，「二等辺三角形ならば正三角形である」は偽である．すなわち，$p \to q$ とその逆 $q \to p$ は同値ではない．「逆は必ずしも真ならず．」である．

一方，命題 $p \to q$ に対し，命題 ${\sim}q \to {\sim}p$ を**対偶**（contraposition）という．命題 $p \to q$ とその

対偶〜q→〜p は同値である．すなわち，

$$p \to q \;=\; \sim q \to \sim p$$

となる．したがって，p→q が真のときはいつでも，対偶〜q→〜p は真である．例えば，「4 の倍数ならば偶数である」は真なので，その対偶である「偶数でないならば 4 の倍数でない」も真である．

例題 2.12

p→q とその逆 q→p が同値でないことを示せ．

【解説】　それぞれの真理値表を作成すればよい．含まれるアトムは p と q の 2 つなので，真理値表は 4 行となる．

【解答】

p	q	p→q
T	T	T
T	F	F
F	T	T
F	F	T

p	q	q→p
T	T	T
T	F	T
F	T	F
F	F	T

上の表の 2 行目と 3 行目から，両者が同値でないことがわかる．

問 2.12　p→q とその対偶〜q→〜p が同値であることを次の方法により示せ．

1)　真理値表を用いる　　2)　式の変形を用いる

なお，命題 p→q に対し，命題〜p→〜q を**裏**という．命題 p→q とその裏〜p→〜q は同値ではない．すなわち，p→q が真であったとしても，裏〜p→〜q が真とは限らない．

命題 p→q に対する逆，裏，対偶の関係は，**図 2.2** のように表すことができる．

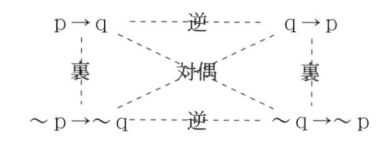

図 2.2　逆，裏と対偶

2.7　標準形

任意の論理式は，**標準形**（normal form）と呼ばれる一定の形式に変形することができる．以下では，論理積標準形と論理和標準形について述べる．

1　論理積標準形

論理積標準形（conjunctive normal form）とは，リテラルの論理和が論理積でつながっている形式をいう．もっと形式的には，次の定義のようになる．

2.7 標準形

論理積標準形の定義

論理式 P が，
$$P_1 \wedge P_2 \wedge \cdots \wedge P_n$$
で表されるとき，論理式 P は論理積標準形であるという．
ただし，P_1, P_2, $\cdots$, P_n はリテラルの論理和である．

なお，リテラルとは，すでに述べたように，アトムもしくはアトムの否定である．

例えば，論理式 G

$$G = (p \vee \sim q) \wedge \sim p \wedge (q \vee r \vee s)$$

は論理積標準形である．この例では，

$$G = P_1 \wedge P_2 \wedge P_3, \quad P_1 = p \vee \sim q, \quad P_2 = \sim p, \quad P_3 = q \vee r \vee s$$

である．

与えられた論理式を論理積標準形に変形するには，**図 2.3** に示す手続きを順に実行していけばよい．

---

1 同値の演算子↔がある場合，変形公式1を用いて↔を除去する．
2 含意の演算子→がある場合，変形公式2を用いて→を除去する．
3 ド・モルガンの法則を用いて，否定の演算子〜をアトムの直前に移動させる．
4 場合によっては，二重否定の法則を用いて，否定の演算子〜を除去する．
5 必要の都度，分配法則を用いる．

図 2.3 標準形への変形手続き

例題 2.13

以下の論理式を論理積標準形に変形せよ．

1) $\sim(p \wedge q) \rightarrow p$
2) $(p \vee \sim q) \rightarrow (\sim p \vee r)$

【解説】

図 2.3 に述べた手続きに従って，変形していけばよい．

【解答】

1) $\sim(p \wedge q) \rightarrow p = \sim\sim(p \wedge q) \vee p$
$= (p \wedge q) \vee p$
$= (p \vee p) \wedge (q \vee p)$
$= p \wedge (p \vee q)$

2) $(p \vee \sim q) \rightarrow (\sim p \vee r) = \sim(p \vee \sim q) \vee (\sim p \vee r)$
$= (\sim p \wedge \sim\sim q) \vee \sim p \vee r$

$$= (\sim p \land q) \lor \sim p \lor r$$
$$= (\sim p \lor \sim p \lor r) \land (q \lor \sim p \lor r)$$
$$= (\sim p \lor r) \land (\sim p \lor q \lor r)$$

問 2.13 以下の論理式を論理積標準形に変形せよ．

1) $\sim(p \land q) \to p \lor \sim r$ 　　2) $p \to \sim q \land (p \lor \sim r)$

2 論理和標準形

論理和標準形 (disjunctive normal form) とは，リテラルの論理積が論理和でつながっている形式をいう．もっと形式的には，次の定義のようになる．

論理和標準形の定義

論理式 P が，
$$P_1 \lor P_2 \cdots \lor P_n$$
で表されるとき，論理式 P は論理和標準形であるという．

ただし，P_1, P_2, $\cdots$, P_n はリテラルの論理積である．

例えば，論理式 G

$$G = p \lor (\sim q \land \sim p \land r) \lor r \lor s$$

は論理和標準形である．この例では，

$$G = P_1 \land P_2 \land P_3 \land P_4, \quad P_1 = p, \quad P_2 = \sim q \land \sim p \land r, \quad P_3 = r, \quad P_4 = s$$

である．

与えられた論理式を論理和標準形に変形する場合も，**図 2.3** で述べた手続きを順に実行していけばよい．もっとも，論理和標準形は論理積標準形ほど重要ではないので，例題や問は省略する．

2.8　論理的帰結

まず，簡単な例を挙げよう．

p_6：風邪を引くと，熱が上がる．

p_7：今，風邪を引いている．

という事柄が成立しているとしよう．このとき，

p_8：　今，熱が上がっている．

が成立することになる．すなわち，p_8 は，p_6 と p_7 から論理的に導かれる．このとき，p_8 は p_6 と p_7 の論理的帰結であるという．形式的な定義を示すと，次のようになる．

論理的帰結の定義

論理式 P_1, P_2, $\cdots$, P_n がすべて真のときに必ず論理式 Q も真となるとき，Q は P_1, P_2,

···, P_n の論理的帰結（logical consequence）であるという．

Q が P_1, P_2, ···, P_n の論理的帰結であることを示すには，図 2.4 に示す 3 つの方法がある．

方法 1　真理値表を作成し，P_1, P_2, ···, P_n のすべてが真となる解釈では，必ず，Q も真となることを示す．
方法 2　論理式　$P_1 \land P_2 \land \cdots \land P_n \to Q$　が恒真式であることを示す．
方法 3　論理式　$P_1 \land P_2 \land \cdots \land P_n \land \sim Q$　が矛盾式であることを示す．

図 2.4　論理的帰結の証明法

図 2.4 の方法 2 と方法 3 では，真理値表を作成してもよいし，式を変形してもよい．

例題 2.14

q は p, $p \to q$ の論理的帰結であることを示せ．

【解説】

論理式
$$p \land (p \to q) \to q$$
が恒真式であることを示せばよいが，これは例題 2.8 で真理値表を用いて既に示している．

よって，q は p, $p \to q$ の論理的帰結である．

【補足】　変形公式を用いた方法 3 による証明を以下に示しておく．

$$\begin{aligned}
p \land (p \to q) \land \sim q &= (p \land \sim q) \land (p \to q) \\
&= (p \land \sim q) \land (\sim p \lor q) \\
&= (p \land \sim q \land \sim p) \lor (p \land \sim q \land q) \\
&= (\Box \land \sim q) \lor (p \land \Box) \\
&= \Box \lor \Box \\
&= \Box
\end{aligned}$$

すなわち，$p \land (p \to q) \land \sim q$ は矛盾式である．

よって，q は p, $p \to q$ の論理的帰結である．

問 2.14　以下を示せ．ただし，1) は真理値表（方法 1）を用い，2) は変形公式（方法 2）を用いること．

1)　r は p, $p \to q$, $q \to r$ の論理的帰結である．

2)　$\sim p$ は，$p \to q$, $\sim q$ の論理的帰結である．

第2章のまとめ

1) 　a)　 とは，正しいか間違っているかを客観的に評価できる陳述のことをいう．
2) 正しいことを　b)　 であるといい，間違っていることを　c)　 であるという．
3) 　b)　 や　c)　 のことを　d)　 という．
4) 　e)　 には，論理積・論理和・否定・含意・同値などがある．
5) 論理式の中で用いられる基本命題を表す文字を　f)　 という．
6) 論理式に含まれる　f)　 の真理値の集まりを，その論理式の　g)　 という．
7) 　f)　 または　f)　 の否定を　h)　 という．
8) 論理式のすべての　g)　 に対しその論理式がどのような真理値を持つかを記述した表を，　i)　 という．
9) いかなる　g)　 においても真となる論理式を　j)　 といい，偽となる論理式を　k)　 という．
10) 命題 $p \to q$ に対し，命題 $q \to p$ を　l)　，命題 $\sim q \to \sim p$ を　m)　 という．
11) 公式 $\sim(p \land q) = \sim p \lor \sim q$ を　n)　 の法則という．
12) 論理式 $p \land (\sim p \lor q) \land (\sim q \lor r)$ は論理積　o)　 である．
13) 論理式 P, Q が真のとき必ず論理式 R が真であれば，R は P と Q の　p)　 である．

練習問題 2

【1】 以下の命題の真理値を求めよ．
1) 2 は 4 より小さくない．
2) 2 は偶数でありかつ素数である．
3) 1 週間は 6 日であるかまたは 7 日である．
4) 1 年が 12 ヶ月でないならば，1 分は 60 秒ではない．

【2】 解釈を $\{p,\ q,\ \sim r\}$ とするとき，以下の論理式の真理値を求めよ．
1) $p \lor \sim q$
2) $(q \land r) \lor \sim p$
3) $p \to q \land r$
4) $p \lor q \leftrightarrow q \land \sim r$

【3】 以下が恒真式であることを真理値表により示せ．
　　1) $(p \wedge q) \vee (\sim p \vee \sim q)$　　　2) $(p \vee q) \vee (\sim p \wedge \sim q)$
　　3) $(p \to q) \to (\sim q \to \sim p)$　　　4) $(\sim p \to \sim q) \to (q \to p)$

【4】【3】の論理式が恒真式であることを式の変形により示せ．

【5】 以下の論理式を論理積標準形に変形せよ．
　　1) $(p \wedge q \wedge r) \vee (p \vee q)$　　2) $(p \to q) \wedge (q \to r)$　　3) $(p \wedge q) \to (q \wedge r)$

【6】 以下を示せ．
　　1) $p \wedge q$ は，p, q の論理的帰結である．
　　2) $\sim p$ は，$p \to q$, $q \to r$, $\sim r$ の論理的帰結である．

【7】 次の4つの命題について，以下の問に答えよ．
　　p_1：「消費税率が上がると，消費が落ち込む．」
　　p_2：「消費が落ち込むと，景気が悪くなる．」
　　p_3：「消費税率が上がる．」
　　p_4：「景気が悪くなる．」
　　1) 上記4つの命題を論理式で表せ．
　　2) 真理値表を用いて，p_4 が p_1, p_2, p_3 の論理的帰結であることを示せ．
　　3) 式の変形により，p_4 が p_1, p_2, p_3 の論理的帰結であることを示せ．

第3章 述語論理

> 第2章で述べた命題論理には，実は限界が存在します．そこで，述語論理が誕生しました．述語論理では，本章で定義する述語・変数・量化子を用いて命題を表します．それにより，命題の内部に含まれる意味内容が詳細に表現され，論理が厳密になるのです．
>
> なお，述語論理は命題論理の上に成立するものですから，命題論理をしっかり理解した上でこの章に進んでください．

3.1 命題論理の限界

第2章で述べた命題論理は，論理の基本であり，その意味では重要な領域である．しかし，命題論理では日常の論理展開を正確には表現できない場合がある．例えば，次の2つの命題を考えてみよう．

　　　　p：4の倍数は偶数である．

　　　　q：100は4の倍数である．

どちらも正しい命題であるが，命題論理の範囲内では論理演算子を用いて表現することはできない．すなわち，複合命題と見なせないため，基本命題であるアトムとしてしか表現できない．

これをふまえた上で，さらに，次の命題を追加しよう．

　　　　r：100は偶数である．

これも正しい命題である．もちろん，100が偶数であることは簡単に計算で確かめることができるが，実は，命題pとqから導き出すこともできる．すなわち，日常世界においては，命題rは命題pとqの論理的帰結なのである．

しかし，残念ながら，命題論理の範囲内では，それを示すことができない．もし命題rが命題pとqの論理的帰結であるならば，p∧q→rは恒真式でなければならない（図2.4の方法2）．ところが，表3.1から明らかなように，p∧q→rは恒真式ではない．したがって，命題論理の範囲内では，命題rは2つの命題pとqの論理的帰結とはいえないのである．これが，命題論理の限界である．

論理式p∧q→rが恒真式とならないのは，pとq，およびpとrの間に意味的な関連があるのに，命題論理ではそれ

表 3.1 p∧q→rの真理値表

p	q	r	p∧q	p∧q→r
T	T	T	T	T
T	T	F	T	F
T	F	T	F	T
T	F	F	F	T
F	T	T	F	T
F	T	F	F	T
F	F	T	F	T
F	F	F	F	T

3.2 述語

1 述語とその表現

述語論理では，基本命題すなわちアトムを**述語**（predicate）で表現する．述語は，一般に，以下の形式である．

$$p(t_1,\ t_2,\ \cdots,\ t_n)$$

ここで，pを**述語名**，$t_1,\ t_2,\ \cdots,\ t_n$を**項**（term）という．項が2個以上ある場合は，コンマで区切る．上述の述語は，$t_1,\ t_2,\ \cdots,\ t_n$がpという関係にあることを意味している．例えば，「aはbのcである」という形式の命題であれば，cが述語名とみなせるので，

$$c(a,\ b)$$

と表すことになる．

命題をこのような述語で表現する論理の領域を，**述語論理**（predicate logic）という．

例題 3.1

以下の命題を1つの述語で表せ．
1) 徳川家康は日本人である．
2) 夏目漱石は文学が好きだ．
3) 3は4より大きい．

【解説】
　　1) では，「日本人である」が述部なので，「日本人」や「Japanese」を述語名とすればよい．2) では，「好き」や「like」などが述語名として使用できる．3) の場合も，「大きい」や「greater」などが述語名として考えられる．このように，述語名としては，英字や記号なども使用できる．
　　なお，主語や目的語などは項として記述する．

【解答】
1) 日本人(徳川家康) または Japanese(徳川家康) など
2) 好き(夏目漱石, 文学) または like(夏目漱石, 文学) など
3) 大きい(3,4) または greater(3,4) など

問 3.1 以下の命題を1つの述語で表せ．
1) 2は偶数である．　　2) アインシュタインは物理学が好きだ．
3) 6は8より小さい．

2 項とその定義

項とは，命題表現において，主語や目的語などに相当するものである．項となるものには，

- **定数**（constant） … 数値の 2 や 3，人名のジョンやメアリーなど
- **変数**（variable） … x や y など
- **関数形式** … $f(x)$ など

がある．なお，一般に，a や b のようなアルファベットのはじめの文字は定数として，x や y などアルファベットの終わりの文字は変数として用いる．

例えば，「ワシントンは父親が好きである」という命題を考えよう．「ワシントン」は人名なので定数である．また，x の父親を father(x) と表現すると，ワシントンの父親は father(ワシントン) となる．したがって，この命題は，like(ワシントン, father(ワシントン)) と表現できる．この例における father は人を人に対応させる関数である．このような関数形式も項となるのである．関数については，第 6 章でさらに詳しく述べる．

項を正式に定義すると，以下のようになる．

項の定義

項は，以下のように再帰的に定義される．

1) 定数は項である．
2) 変数は項である．
3) $t_1, t_2, \cdots, t_n$ が項で，f が関数ならば，
   $$f(t_1, t_2, \cdots, t_n)$$
   も項である．
4) すべての項は，上の規則により生成される．

---

3 論理演算子

述語はアトムなので，論理演算子で結合して論理式（複合命題）を作ることができる．論理演算子としては，∧(論理積)，∨(論理和)，～(否定)，→(含意) など，命題論理で用いたものをそのまま利用する．

例題 3.2

以下の命題を述語論理の論理式として表現せよ．

1) エジソンはニュートンやパスカルよりも背が高い．
2) 2 は 6 よりも大きくない．

【解説】
1) は，論理積を用いて，「エジソンはニュートンよりも背が高く，かつ，パスカルよりも背が高い」と考えよう．「より背が高い」は，taller という述語名を用いることができる．2) では，「でない」という否定が使用されている．

【解答】
1)　taller(エジソン, ニュートン)∧taller(エジソン, パスカル)
2)　〜greater(2,6)

問 3.2　以下の命題を述語論理の論理式として表現せよ.
1)　クリントンはアメリカが好きではない.
2)　福沢諭吉は英語か国語が好きだ.
3)　5 が偶数ならば, 7 も偶数である.

3.3　変数と量化子

述語論理では, **全称記号**（universal quantifier）∀ と **存在記号**（existential quantifier）∃ を用いる. 両者を併せて **量化子**（quantifier）という.

1　全称記号と存在記号

全称記号と存在記号は, その後に変数を用いて以下のように記述する.

$$\forall x \mathrm{P}$$

$$\exists x \mathrm{P}$$

ここで, P は論理式であり, x は変数である. 前者は「すべての x に対して P である」ことを意味し, 後者は「P となる x が存在する」ことを意味する. ここで, 変数名は x でなくてもよい. y や z なども使用できる. なお, $\forall x$ は for all x, $\exists x$ は for some x と読む.

― **例題 3.3** ―――――――――――――――――――

量化子を用いて, 以下の命題を述語論理の論理式として表せ.
1)　日本人はすべてアジア人である.
2)　英語を好きな人がいる.

――――――――――――――――――――――――

【解説】
1)　は, すべての x に対し「x が日本人ならば x はアジア人である.」と解釈する. そうすると, 全称記号が使用できる.「x は日本人である」は日本人(x),「x はアジア人である」はアジア人(x) と表される.
2)　では存在記号を用いることができる.

【解答】
1)　$\forall x$（日本人(x)→アジア人(x)）　　2)　$\exists x$ like$(x,$ 英語$)$

前問の 1) の形式は重要である. 日本語で,「p は（すべて）q である.」といった場合,

すべての x に対し「x が p ならば, x は q である.」

と解釈して,

$$\forall x(\mathrm{p}(x) \to \mathrm{q}(x))$$

となることがある．なお，変数は何でもよいので，

$$\forall y(\mathrm{p}(y) \to \mathrm{q}(y))$$

としてもよい．

【補足】日本語で「p は q である」と表現される命題を述語論理で表す場合，その意味により以下のように 3 種類の表現があり得る．

1) p も q も個体を表す場合　$p = q$ とあらわす．
   <例>　1 は 1 である　… $1 = 1$
2) p は個体であるが，q は集合の場合　$\mathrm{q}(p)$ と表す．
   <例>　2 は偶数である．… 偶数(2)
3) p も q も集合の場合　$\forall x(\mathrm{p}(x) \to \mathrm{q}(x))$ と表す（上例参照）．

問 3.3 量化子を用いて，以下の命題を述語論理の論理式として表せ．

1) 偶数は 4 の倍数である．
   （ヒント：「x が 4 の倍数である」ことは倍数$(x,4)$ や 4 の倍数(x) などとすることができる）
2) 素数は奇数である．
3) ガンジーは野菜が好きだ．
   （ヒント：すべての x に対し「x が野菜ならば，ガンジーは x が好きだ」と考える）
4) 素数は必ずしも奇数ではない．（ヒント：上記 2) を否定したものである）
5) 数学か理科が好きな人がいる．（ヒント：「人」を x とする）
6) 英語の好きな人はいない．

2　述語論理における論理式の定義

述語論理で用いる記号は以上ですべてである．述語論理における論理式の厳密な定義は次の通りである．

論理式の定義

述語論理における論理式は，以下のように再帰的に定義される．

1) アトムは論理式である．
2) P が論理式ならば，（〜P）も論理式である．
3) P, Q が論理式ならば，

   $(P \land Q)$, $(P \lor Q)$, $(P \to Q)$, $(P \leftrightarrow Q)$

   も論理式である．
4) P が論理式で，x が変数ならば，

   $(\forall x P)$, $(\exists x P)$

   も論理式である．
5) すべての論理式は，上の規則により生成される．

もっとも，命題論理の場合と同様，混乱が生じない場合には丸括弧（ ）は省略できる．

3 量化子の範囲

量化子を用いる場合，その範囲（scope）に注意しなければならない．**量化子の範囲**とは，その量化子が影響を及ぼす範囲のことで，量化子と変数の後に記述される論理式で表される．例えば，論理式 $\forall x \mathrm{P} \wedge \mathrm{Q}$ における $\forall x$ の範囲は P である．一方，論理式 $\forall x (\mathrm{P} \wedge \mathrm{Q})$ の場合，$\forall x$ の範囲は $(\mathrm{P} \wedge \mathrm{Q})$ である．

例題 3.4

次の論理式における量化子の範囲を述べよ．

1) $\exists x\, \mathrm{p}(x)$ 　　　　2) $\forall x\, (\mathrm{p}(x) \to \mathrm{q}(x))$
3) $\forall x\, \exists y\, \mathrm{p}(x, y)$ 　　4) $\forall x\, (\mathrm{p}(x) \vee \exists y\, \mathrm{q}(x, y))$

【解説】
　1) と 2) では，量化子は一つしかないので，その範囲は明らかであろう．一方，3) と 4) の場合，2 つの量化子が使われているので，それぞれの範囲を求めなければならない．

【解答】
1) $\mathrm{p}(x)$　　　2) $\mathrm{p}(x) \to \mathrm{q}(x)$
3) $\forall x$ の範囲 $\cdots$ $\exists y\, \mathrm{p}(x, y)$　　$\exists y$ の範囲 $\cdots$ $\mathrm{p}(x, y)$
4) $\forall x$ の範囲 $\cdots$ $\mathrm{p}(x) \vee \exists y\, \mathrm{q}(x, y)$　　$\exists y$ の範囲 $\cdots$ $\mathrm{q}(x, y)$

問 3.4 次の論理式における量化子の範囲を求めよ．

1) $\forall x\, (\mathrm{p}(x) \wedge \mathrm{q}(x))$　　　　2) $\exists x \forall y\, \mathrm{p}(x, y)$
3) $\exists x\, (\mathrm{p}(x) \wedge \forall y\, \mathrm{p}(x, y))$

4 量化子の順番

すでに明らかなように，1 つの論理式の中に複数の量化子が用いられることがある．その場合，量化子の記述順にはそれなりの意味がある．したがって，量化子の記述順を勝手に変更してはならない．

例題 3.5

$\forall x \exists y\, \mathrm{greater}(x, y)$ と $\exists y \forall x\, \mathrm{greater}(x, y)$ の違いを説明せよ．ここでは，x も y も実数とする．

【解答】
　論理式 $\forall x \exists y\, \mathrm{greater}(x, y)$ は，すべての実数 x に対し「$\mathrm{greater}(x, y)$ となる実数 y が存在する」という意味である．この場合の y は x に依存しており，x の値が決まったとき，それに依存して y の値も一つ決まればよい．例えば，y として，x より 1 小さい値すなわち $x-1$ を考えると，「x は $x-1$ より大きい」はすべての x に対し成り立つので，論理式

$\forall x \exists y\, \text{greater}(x, y)$ は真となる.

一方, 論理式 $\exists y \forall x\, \text{greater}(x, y)$ のほうは存在記号が左にあるので,「すべての x について $\text{greater}(x, y)$」となる y が存在することを意味している. ここでの y は x とは無関係であることに注意しよう. さて,「いかなる実数 x よりも小さな実数 y」が存在するという主張であるが, そのような実数は存在しないので, こちらは偽である.

問 3.5 $\forall x \exists y\, \text{like}(x, y)$ と $\exists y \forall x\, \text{like}(x, y)$ の違いを説明せよ. ここで, x も y も人とする.

5 束縛変数と自由変数

量化子の後に記述されている変数が, その量化子の範囲内で用いられている場合, その変数は束縛されている (bound) という. 束縛されていない変数は自由である (free) という. 束縛されている変数を**束縛変数** (bound varibale), 自由な変数を**自由変数** (free variable) という.

例えば, $\forall x\,(\text{p}(x) \to \text{q}(x, y))$ という論理式について考えてみよう. $\text{p}(x)$ や $\text{q}(x, y)$ における x は束縛されている. 一方, $\text{q}(x, y)$ の y は自由である.

論理式によっては, ある変数が束縛されていてかつ自由である場合もある. 例えば, 論理式 $\exists y\, \text{p}(y) \land \exists x\, \text{q}(x, y)$ において, $\text{p}(y)$ の y は束縛されているが, $\text{q}(x, y)$ における y は自由である. したがって, この論理式における変数 y は束縛されていると同時に自由でもある.

自由変数を持つ論理式は, 実は命題とは言えない. その自由変数がどのような値を持つかによって, その論理式の意味が変わってくるからである. 例えば,「x は 5 より大きい」を述語で表現すると $\text{greater}(x, 5)$ となるが, $\text{greater}(x, 5)$ という論理式は命題ではない. 実際, x が 3 のときは $\text{gretaer}(3, 5)$ となり偽である. 一方, x が 9 のときは $\text{greater}(9, 5)$ となり真となる.

以下では, 特に明示しない限り, 自由変数を持たない論理式のみを考えていくことにしよう.

3.4 論理式の解釈

述語論理における論理式の解釈は, 命題論理の場合ほど簡単ではない. 述語論理では, 論理式は変数を含むので, その変数がどのような集合内の要素を値として持つかによって, 解釈も変わってくるからである. 実際, 述語論理における一つの論理式の解釈は無限に存在するのである. 例えば,「すべての x に対し」といった場合, それが自然数の集合を対象としているのか実数の集合を対象としているのかで意味が異なることになる.

解釈を求める際の対象となる集合を, **領域** (domain) という. 述語論理における論理式の解釈は, 領域 D とその領域内の要素への**割当** (assignment) から構成される.

ある解釈における論理式の真理値を求める場合, 全称記号 $\forall$ と存在記号 $\exists$ に注意する必要がある. 領域 D が有限集合であれば, 全称記号 $\forall$ は領域 D 内の要素すべてに対する論理積に変換できる. 存在記号 $\exists$ の場合は領域 D 内の要素すべてに対する論理和に変換できる.

例題 3.6

D = {1,2}
p(1) = F, p(2) = T

とするとき，以下の命題の真理値を求めよ．

1) $\forall x\, p(x)$ 2) $\exists y\, p(y)$

【解説】

1) では全称記号が用いられているので，要素1の場合と要素2の場合の論理積を考える．一方，2) では存在記号が用いられているので，要素1の場合と要素2の場合の論理和を考える．

【解答】

1) $\forall x\, p(x)$ = p(1)∧p(2)
     = F∧T
     = F

2) $\exists y\, p(y)$ = p(1)∨p(2)
     = F∨T
     = T

問 3.6 D = {1,2,3}, q(1) = T, q(2) = T, q(3) = F とするとき，以下の命題の真理値を求めよ．

1) $\forall x\sim q(x)$ 2) $\exists y\, q(y)$

例題 3.7

D = {1,2}
p(1) = T, p(2) = F
q(1,1) = F, q(1,2) = T, q(2,1) = T, q(2,2) = F

とするとき，以下の命題

$\forall x \exists y\, (p(x) \to q(x,y))$

の真理値を求めよ．

【解説】

量化子が複数用いられている場合は，各量化子の範囲をきちんと把握して計算しなければならない．ここでは，部分論理式 $\exists y\, (p(x) \to q(x,y))$ を P[x] と表すことにすると，

与式 = $\forall x\, P[x]$
    = P[1]∧P[2]
    = $\exists y\, (p(1) \to q(1,y)) \land \exists y\, (p(2) \to q(2,y))$

となる．

なお，P[x] は述語 P(x) とは異なることに注意せよ．

【解答】

P[1] = $\exists y\, (p(1) \to q(1,y))$

$$
\begin{aligned}
&= (p(1) \to q(1,1)) \lor (p(1) \to q(1,2)) \\
&= (T \to F) \lor (T \to T) \\
&= F \lor T \\
&= T \\
P[2] &= \exists y\, (p(2) \to q(2,y)) \\
&= (p(2) \to q(2,1)) \lor (p(2) \to q(2,2)) \\
&= (F \to T) \lor (F \to F) \\
&= T \lor T \\
&= T
\end{aligned}
$$

よって，

$$
\begin{aligned}
\text{与式} &= \exists y\, (p(1) \to q(1,y)) \land \exists y\, (p(2) \to q(2,y)) \\
&= T \land T \\
&= T
\end{aligned}
$$

問 3.7 $D = \{1,2\}$, $p(1) = F$, $p(2) = T$, $q(1,1) = T$, $q(1,2) = T$, $q(2,1) = F$, $q(2,2) = F$ とするとき，以下の命題の真理値を求めよ．

1) $\exists x\, q(x,x)$
2) $\forall x \exists y\, (p(x) \land q(x,y))$
3) $\forall x \forall y\, (q(x,y) \to q(y,x))$

3.5 論理的帰結

述語論理における論理的帰結の定義は命題論理の場合と同じである．念のため，再度示しておく．

論理的帰結の定義

論理式 P_1, P_2, $\cdots$, P_n がすべて真のときに必ず論理式 Q も真となる場合，Q は P_1, P_2, $\cdots$, P_n の **論理的帰結**（logical consequence）であるという．

以下に，よく用いられるものを例示しよう．ここで，a は定数である．

- $p(a)$ は，$\forall x\, p(x)$ の論理的帰結である．
- $q(a)$ は，$\forall x\, (p(x) \to q(x))$ と $p(a)$ の論理的帰結である．

しかし，これらの証明は命題論理の場合ほど簡単ではない．述語論理では解釈が無限に存在するため真理値表が作成できないからである．

例題 3.8

$q(a)$ が，$\forall x\, (p(x) \to q(x))$ と $p(a)$ の論理的帰結であることを示せ．ただし，a は定数

とする.

【解説】
$\forall x\,(p(x) \to q(x))$ と $p(a)$ が真のときに，$q(a)$ も真であることを示せばよい.

【解答】
$$\forall x\,(p(x) \to q(x)) = T, \quad p(a) = T$$
と仮定する.

$\forall x\,(p(x) \to q(x)) = T$ だから，$x = a$ のときも
$$p(x) \to q(x)$$
はTである．すなわち，
$$p(a) \to q(a) = {\sim}p(a) \vee q(a) = T \quad \cdots \text{①}$$
である.

一方，$p(a) = T$ だから，
$${\sim}p(a) = F \quad \cdots \text{②}$$
となる．

①，②より，$F \vee q(a) = T$ であるから，
$$q(a) = T$$
でなければならない．

すなわち，$\forall x\,(p(x) \to q(x))$ と $p(a)$ が真のときは必ず，$q(a)$ も真である．

したがって，$q(a)$ は $\forall x\,(p(x) \to q(x))$ と $p(a)$ の論理的帰結である．

問 3.8 以下を示せ．なお，a は定数とする．
1) ${\sim}p(a)$ は，$\forall x\,(p(x) \to q(x))$ と ${\sim}q(a)$ の論理的帰結である．
2) $q(a)$ は，$\forall x\,(p(x) \vee q(x))$ と ${\sim}p(a)$ の論理的帰結である．

3.6 同値式

1 述語論理における変形公式

命題論理で用いた変形公式は，述語論理でもそのまま利用できる．念のために，もう一度示しておこう．

```
 1  P↔Q = (P → Q)∧(Q → P)
 2  P↔Q = ～P∨Q
 3  交換法則
     a) P∨Q = Q∨P              b) P∧Q = Q∧P
 4  結合法則
     a) (P∨Q)∨R = P∨(Q∨R) = P∨Q∨R
     b) (P∧Q)∧R = P∧(Q∧R) = P∧Q∧R
 5  分配法則
     a) P∨(Q∧R) = (P∨Q)∧(P∨R)   b) P∧(Q∨R) = (P∧Q)∨(P∧R)
 6  a) P∨～P = ■                b) P∧～P = □
 7  a) P∨□ = P                  b) P∧■ = P
 8  a) P∨■ = ■                  b) P∧□ = □
 9  a) P∨P = P                  b) P∧P = P
10  二重否定
     ～(～P) = P
11  ド・モルガンの法則
     a) ～(P∨Q) = ～P∧～Q         b) ～(P∧Q) = ～P∨～Q
                                    （注）■は恒真式を，□は矛盾式を表す
```

図 3.1 変形公式

さらに，述語論理特有の変形公式もある．それを，**図 3.2** に示す．図 3.2 では，論理式 P において x が自由変数である場合，P[x] と表している．P[x] という表現は，述語 P(x) とは異なるので注意しよう．

なお，公式 12 と 13 においては，論理式 Q が x を自由変数として含まないことが条件である．

```
12  a) ∀xP[x]∨Q = ∀x(P[x]∨Q)        b) ∃xP[x]∨Q = ∃x(P[x]∨Q)
13  a) ∀xP[x]∧Q = ∀x(P[x]∧Q)        b) ∃xP[x]∧Q = ∃x(P[x]∧Q)
14  ド・モルガンの法則
     a) ～∀xP[x] = ∃x～P[x]           b) ～∃xP[x] = ∀x～P[x]
15  a) ∀xP[x]∧∀xQ[x] = ∀x(P[x]∧Q[x])  b) ∃xP[x]∨∃xQ[x] = ∃x(P[x]∨Q[x])
```

図 3.2 変形公式(2)

また，公式 15 においては，全称記号には論理積が，存在記号には論理和が使用されていることに注意しよう．全称記号と論理和，存在記号と論理積という対応では，等号は成立しない．すなわち，

$$\forall x \mathrm{P}[x] \lor \forall x \mathrm{Q}[x] \neq \forall x(\mathrm{P}[x] \lor \mathrm{Q}[x])$$

$$\exists x \mathrm{P}[x] \land \exists x \mathrm{Q}[x] \neq \exists x(\mathrm{P}[x] \land \mathrm{Q}[x])$$

である．

例題 3.9

$\forall x \mathrm{P}[x] \lor \forall x \mathrm{Q}[x]$ と $\forall x(\mathrm{P}[x] \lor \mathrm{Q}[x])$ が同値でない具体例を挙げよ．

【解説】

$\forall x(\mathrm{P}[x] \lor \mathrm{Q}[x])$ は真であるが，$\forall x \mathrm{P}[x] \lor \forall x \mathrm{Q}[x]$ が真とならない例を考えよう．

【解答】

領域 D を実数全体の集合とし，P$[x]$ を $x \geqq 0$，Q$[x]$ を $x < 0$ とする．そのとき，$\forall x \mathrm{P}[x]$ も $\forall x \mathrm{Q}[x]$ も F である．したがって，$\forall x \mathrm{P}[x] \lor \forall x \mathrm{Q}[x] = \mathrm{F} \lor \mathrm{F} = \mathrm{F}$．

一方，
$$\mathrm{P}[x] \lor \mathrm{Q}[x] = (x \geqq 0) \lor (x < 0)$$
であるから，$\forall x(\mathrm{P}[x] \lor \mathrm{Q}[x]) = \mathrm{T}$ となる．

問 3.9 $\exists x \mathrm{P}[x] \land \exists x \mathrm{Q}[x]$ と $\exists x(\mathrm{P}[x] \land \mathrm{Q}[x])$ が同値でない具体例を挙げよ．

② 変数名の変更

束縛変数は何でもかまわないので，必要があれば変更することができる．例えば，$\forall x \mathrm{P}[x]$ は $\forall y \mathrm{P}[y]$ と同値である．変数名の変更（rename）を用いると，

$$\forall x \mathrm{P}[x] \lor \forall x \mathrm{Q}[x]$$
$$= \forall x \mathrm{P}[x] \lor \forall y \mathrm{Q}[y] \quad \text{（変数名の変更により）}$$
$$= \forall x \forall y (\mathrm{P}[x] \lor \mathrm{Q}[y]) \quad \text{（公式 12.a）により）}$$

と変形することができる．同様に，

$$\exists x \mathrm{P}[x] \land \exists x \mathrm{Q}[x]$$
$$= \exists x \mathrm{P}[x] \land \exists y \mathrm{Q}[y]$$
$$= \exists x \exists y (\mathrm{P}[x] \land \mathrm{Q}[y])$$

となる．一般に，変数名の変更により，図 3.3 に掲げる公式が成り立つ．

16
a) $\forall x \mathrm{P}[x] \lor \forall x \mathrm{Q}[x] = \forall x \forall y (\mathrm{P}[x] \lor \mathrm{Q}[y])$
b) $\forall x \mathrm{P}[x] \lor \exists x \mathrm{Q}[x] = \forall x \exists y (\mathrm{P}[x] \lor \mathrm{Q}[y])$
c) $\exists x \mathrm{P}[x] \lor \forall x \mathrm{Q}[x] = \exists x \forall y (\mathrm{P}[x] \lor \mathrm{Q}[y])$
d) $\exists x \mathrm{P}[x] \lor \exists x \mathrm{Q}[x] = \exists x \exists y (\mathrm{P}[x] \lor \mathrm{Q}[y])$

17
a) $\forall x \mathrm{P}[x] \land \forall x \mathrm{Q}[x] = \forall x \forall y (\mathrm{P}[x] \land \mathrm{Q}[y])$
b) $\forall x \mathrm{P}[x] \land \exists x \mathrm{Q}[x] = \forall x \exists y (\mathrm{P}[x] \land \mathrm{Q}[y])$
c) $\exists x \mathrm{P}[x] \land \forall x \mathrm{Q}[x] = \exists x \forall y (\mathrm{P}[x] \land \mathrm{Q}[y])$
d) $\exists x \mathrm{P}[x] \land \exists x \mathrm{Q}[x] = \exists x \exists y (\mathrm{P}[x] \land \mathrm{Q}[y])$

図 3.3 変形公式(3)

第3章のまとめ

1) 述語論理では，基本命題を表すアトムを a) で表現する．
2) 述語 $p(t_1, t_2, \cdots, t_n)$ において，p を b) ，$t_1, t_2, \cdots, t_n$ を c) という．
3) c) となるものには，定数， d) ，関数がある．
4) $\forall$ という記号を e) といい，$\exists$ という記号を f) という．また，両者を併せて g) という．
5) h) は「すべての x に対し P が成立する」ことを意味する．
6) 論理式 $\exists x(p(x) \land q(x))$ における $\exists x$ の i) は $p(x) \land q(x)$ である．
7) 論理式 $\forall x\, p(x,y)$ において，x は j) 変数であり，y は k) 変数である．

練習問題 3

【1】 以下の命題を述語論理の論理式として表現せよ．
1) 2 は 4 より小さくない．
2) 2 は偶数でありかつ素数である．
3) 4 が奇数ならば 6 も奇数である．
4) 自分を好きでない人はいない．
5) 野球が好きな人はみなサッカーも好きである．
6) 数学が好きでない人はみな物理学も好きではない．

【2】 次の論理式における量化子の範囲を求めよ．
1) $\forall x(p(x) \lor q(x))$
2) $\exists x(q(x) \land r(x)) \lor \exists y \sim p(y)$
3) $\forall x(p(x) \to \exists y(q(x,y) \land r(x,y)))$
4) $\forall x \forall y(p(x) \lor \sim q(x,y))$

【3】 D = {1,2}

　　p(1) = F, p(2) = T

　　q(1,1) = T, q(1,2) = F, q(2,1) = F, q(2,2) = T

とするとき，以下の命題の真理値を求めよ．

1) $\forall x p(x)$
2) $\exists x p(x)$
3) $\forall x q(x,x)$
4) $\forall x \forall y (p(x) \to q(x,y))$

【4】 $p(a)$ が $\forall x p(x)$ の論理的帰結であることを示せ．

【5】 次の命題について，以下の問に答えよ．

　　p_1：人はみな死すべき運命にある

　　p_2：ソクラテスは人である

　　p_3：ソクラテスは死すべき運命にある

1) 各命題を述語論理の論理式として表現せよ．ただし，「x は人である」を $\mathrm{man}(x)$ で，「x は死すべき運命にある」を $\mathrm{mortal}(x)$ で表すものとする．

2) p_3 が p_1 と p_2 の論理的帰結であることを示せ．

第 4 章　推論と証明

> 数学には計算と証明がありますが，そのうち，プログラミングやソフトウェア開発で必要なのは証明のほうです．プログラムを作成することは数学における公式を証明するようなものです．その公式にしたがって計算を行うのはコンピュータに任せればよいのです．ですから，人が行うべきなのは計算よりむしろ証明なのです．証明を正しく行うためには推論に関する知識が欠かせません．そこで，この章では推論と証明を扱うことにします．

4.1　三段論法

1　推論と三段論法

推論（inference または reasoning）とは，**前提**（premise）もしくは**仮定**と呼ばれるいくつかの命題から**結論**（conclusion）と呼ばれる新たな命題を作り出すこと，すなわち，**導出**する（derive）ことをいう．もちろん，前提がすべて真のときは導出される結論も真となることが推論の基本である．

> 【注】　実は，推論には，真かどうかを意識せずに行う形式的推論と，真かどうかを考慮する意味的推論がある．記号論理学では両者を厳密に区別する．もっとも，両者が基本的に同一のものであることが示される．そこで，本書では，両者を区別せずに扱っていくことにする．

推論のうちで最も基本となるのが，以下に述べる**三段論法**（syllogism）である．

> **定　義**
> 三段論法とは，2つの命題 p と p→q から新たな命題 q を導出する推論である．

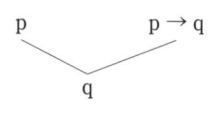

第 2 章 2.8 節で述べたように，命題 q は p と p→q の論理的帰結である．すなわち，p と p→q が真のときはいつでも q は真である．したがって，p と p→q が与えられたときは，q を導出することができる（これを図 4.1 のように図示することにする）．

図 4.1　三段論法

特に，p→q が真であることがあらかじめわかっているときは，p であることが与えられた段階ですぐに q であると結論づけることができる．日本語で「p なので q である」と表現することがあるが，これは実は上記の推論を表したものなのである．

なお，推論を用いる場合，1 回の推論で終了することはほとんどなく，何回も組み合わせて使用するのが普通である．

例題 4.1

3つの命題 p, p → q, q → r から，命題 r を導出せよ．

【解説】

三段論法を2回使用すればよい．

【解答】

p と p → q から q が導出できる．さらに，q と q → r から r が導出できる．

問 4.1 3つの命題 p → q, q → r, r → s が真であることがわかっているとする．このとき，命題 p から命題 s を導出せよ．

2 その他の三段論法

世の中で三段論法と呼ばれている推論はほかにもある．

例えば，

「p → q と q → r から p → r を導出する」

という推論も三段論法の一種である．p → r は p → q と q → r の論理的帰結である．したがって，p → q と q → r が真であれば導出される p → r も真である．

また，a を定数とするとき，

「$p(a)$ と $\forall x(p(x) \to q(x))$ から $q(a)$ を導出する」

という推論も三段論法である．$q(a)$ が $p(a)$ と $\forall x(p(x) \to q(x))$ の論理的帰結であることは，すでに例題 3.8 で示している．したがって，$p(a)$ と $\forall x(p(x) \to q(x))$ が真であれば導出される $q(a)$ も真である．

以下に，日常生活においてよく用いられる推論を例示しよう．

例題 4.2

2つの命題

　　P：雨が降っているときは，外出しない．

　　Q：（今日は）雨が降っている．

から，どのような結論が得られるか．

【解説】

「雨が降っている」を p，「外出しない」を q とすると，命題 P は p → q と表すことができる．

【解答】

Q = p と考えることができるので，三段論法により，q が得られる．したがって，

「（今日は）外出しない」

が結論である．

【注】「（今日は）雨なので，外出しない」という表現は，命題 P が真であると知られていると

きに，上例の推論を表したものである．

問 4.2 2つの命題

P：大阪に出張するときは，新幹線を利用する．

Q：（明日）大阪に出張だ．

から，どのような結論が得られるか．

> 【注】 上の例のように，日常生活では，「今日」や「今」といった「時」を表す表現が使われる．実は，「時」を対象とする論理を時制論理といい，命題論理や述語論理を（したがって本書の内容も）越えたものである．そのため，今後は深入りしない．

4.2　その他の推論

1　いろいろな推論

推論は，何も三段論法に限ったものではない．Q が P_1, P_2, $\cdots$, P_n の論理的帰結であれば，P_1, P_2, $\cdots$, P_n から Q を導出することができる．例えば，以下は，すべて正しい推論である．

- p∧q から p を導出する
- p から p∨q を導出する
- p と q から p∧q を導出する
- p→q から ∼q→∼p を導出する
- $\forall x\, p(x)$ から $p(a)$ を導出する（a は定数）

2　推論の記法

記号論理学では，P_1, P_2, $\cdots$, P_n から Q を導出する推論を

$$P_1,\ P_2,\ \cdots,\ P_n \vdash Q$$

と表す．例えば，三段論法は，

$$p,\ p \to q \vdash q$$

$$p \to q,\ q \to r \vdash p \to r$$

$$p(a),\ \forall x(p(x) \to q(x)) \vdash q(a)$$

となる．なお，前提となる P_1, P_2, $\cdots$, P_n の順番は任意であるので，例えば，

$$p,\ p \to q \vdash q$$

は，

$$p \to q,\ p \vdash q$$

と表してもよい．

> 【注】 p→q と p⊢q は意味が異なるので注意しよう．p→q は命題であるのに対し，p⊢q は推論という操作を表している．あるいはまた，p→q をデータ，p⊢q をプログラム（の一部）と考えることもできる．

よく用いられる推論を**図 4.2** に示す．

R1) p, p→q ⊢ q
R2) p→q, q→r ⊢ p→r
R3) p(a), ∀x(p(x)→q(x)) ⊢ q(a)　（a は定数）
R4) p∧q ⊢ p　　　　p∧q ⊢ q
R5) p, q ⊢ p∧q
R6) p ⊢ p∨q　　　　q ⊢ p∨q
R7) p→q ⊢ ∼q→∼p
R8) ∀x p(x) ⊢ p(a)　（a は定数）
R9) p(x) ⊢ ∀x p(x)

図 4.2　いろいろな推論

なお, ⊢ という記号は**推移的**（transitive）である. すなわち, p⊢q で q⊢r のときは p⊢r である (p から q が導出でき, q から r が導出できるとき, p から r が導出できる).

4.3　推論と証明

1　公理と定理

数学と一口に言っても, 実はいろいろな領域, すなわち**理論**（theory）がある. 例えば, 自然数を対象とした自然数論, 実数を対象とした実数論, 関数の性質を扱う関数論などはすべて理論である. 各理論には, 必ずあらかじめ正しいと定められた命題がある. これらをその理論の**公理**（axiom）という. 例えば, 実数論では,

$$\forall x \forall y (x+y = y+x)$$

という命題は公理として設定されている. 公理は, その理論においては常に真である.

一方, 公理以外にその理論において常に真となる命題もある. これを**定理**（theorem）という. 定理とは, **証明する**（prove）べき命題である.

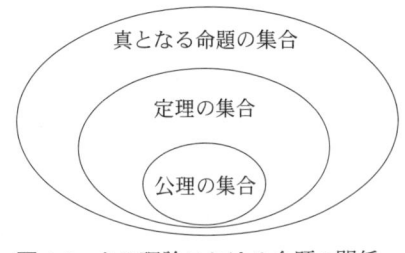

図 4.3　ある理論における命題の関係

【注】 厳密に言えば, 公理以外の真となる命題がすべて定理となるわけではない. 自然数論を含む理論においては, 真であっても証明できない命題が存在することがわかっている. これを図示すると, 図 4.3 のようになる. これはゲーデルによって証明された事柄で, これをゲーデルの不完全性定理という.

2　証明の形式的定義

証明（proof）とは, さまざまな推論を組み合わせて, 証明の対象となる命題すなわち, 定理が正しいことを示す作業をいう.

証明を形式的に定義すると, 次のようになる.

定義

命題 P_n の証明とは，命題 P_1, P_2, $\cdots$, P_n の列である．ただし，各 P_k は以下のいずれかの条件を満たすものとする．

1) P_k は公理である．
2) P_k はすでに証明されている定理である．
3) P_k は P_1, P_2, $\cdots$, P_{k-1} のうちのいくつかを用いて推論により導出された命題である．

なお，P が公理や証明された定理である場合，⊢P と記述する．

以下に証明の簡単な例を示そう．推論がどのように用いられているかに注意してほしい．

例題 4.3

命題論理における恒真式 $p \to p$ を証明せよ．ただし，以下に示す命題論理における公理の一部を用いよ．

A1)　$\alpha \to (\beta \to \alpha)$
A2)　$(\alpha \to (\beta \to \gamma)) \to ((\alpha \to \beta) \to (\alpha \to \gamma))$

【解説】
　　　上に掲げた命題論理の公理 A1) と A2) における α, β, γ は，任意の論理式なので，どんな論理式を代入してもよい．

【証明】
　　　A1) における α に p を，β に $p \to p$ を代入すると，
$$p \to ((p \to p) \to p) \qquad \cdots ①$$
が得られる．

　　　次に，A2) における α に p を，β に $p \to p$ を，γ に p を代入すると，
$$(p \to ((p \to p) \to p)) \to ((p \to (p \to p)) \to (p \to p)) \qquad \cdots ②$$
が得られる．

　　　①と②に三段論法 R1) を適用して，
$$(p \to (p \to p)) \to (p \to p) \qquad \cdots ③$$
が導出される．

　　　さらに，A1) の α に p を，β に p を代入して，
$$p \to (p \to p) \qquad \cdots ④$$
が得られる．

　　　今度は，③と④に三段論法 R1) を適用して，
$$p \to p$$
が導出される．

よって，論理式 p → p は，命題論理における定理である．
すなわち，

$$\vdash p \to p$$

なお，この例では，

①，②，③，④，p → p

が，形式的証明を表す論理式の列である．この証明は，**図 4.4** のように図式化することもできる．このような図を**証明木**という．

$$p \to ((p \to p) \to p) \qquad (p \to ((p \to p) \to p)) \to ((p \to (p \to p)) \to (p \to p))$$

$$(p \to (p \to p)) \to (p \to p) \qquad\qquad p \to (p \to p)$$

$$p \to p$$

図 4.4 p → p の証明木

なお，①，②は真なので（問 4.3），得られた定理 p → p も真である．

問 4.3 例題 4.3 の①，②が恒真式であることを真理値表で確かめよ．

例題 4.4

自然数論における定理

$$1+1 = 2$$

を証明せよ．ただし，自然数論では，以下のように n の次の数を関数 $s(n)$ で表す．

$$1 = s(0), \quad 2 = s(1), \quad 3 = s(2), \cdots$$

また，ここでは，以下に掲げる自然数論の公理

A1) $\forall x\,(0+x = x)$

A2) $\forall n\,(s(n+1) = s(n)+1)$

を用いよ．

【解説】

$1 = s(0)$ は，「1 が 0 の次の数である」ことを意味し，$2 = s(1)$ は「2 が 1 の次の数である」ことを意味している．

【証明】

まず，定義より，

$$s(1) = 2 \qquad\qquad \cdots ①$$

次に，公理 A1) に推論 R8) を適用して，

$$0+1 = 1 \qquad\qquad \cdots ②$$

①と②より
$$s(0+1) = 2 \qquad \cdots ③$$
また，公理 A2) に推論 R8) を適用して，
$$s(0+1) = s(0)+1 \qquad \cdots ④$$
③と④より
$$s(0)+1 = 2 \qquad \cdots ⑤$$
ここで，定義より，$s(0) = 1$ だから，
$$1+1 = 2$$
が得られる．

この証明の証明木を図 4.5 に示す．

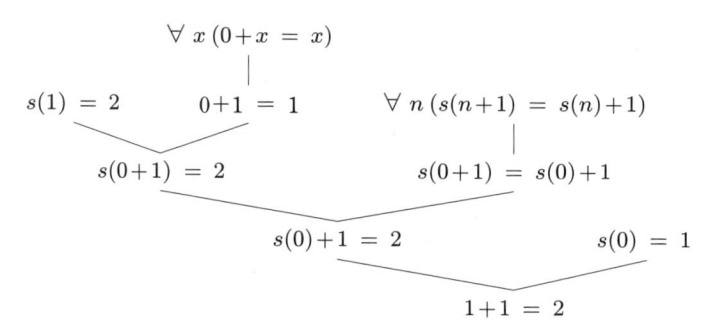

図 4.5　$1+1 = 2$ の証明木

なお，この証明では，
$$\forall x \forall y \forall z (x = y \land y = z \to x = z)$$
という恒真式を利用した推論も用いていることに注意しよう．

問 4.4　自然数論における定理　$2+1 = 3$　を証明せよ．

3　いろいろな形式の命題の証明

a) $\forall x\, p(x)$ という形式の場合

「すべての x に対し，p(x) が成立する」という命題を証明する際は，一般に，任意の x に対して p(x) となることを推論する．これは，いわば，任意の自由変数 x に対して p(x) が成立することを示すことである．それが可能ならば，最後に，
$$p(x) \vdash \forall x p(x)$$
という推論 R9) を用いることによって，$\forall x p(x)$ を結論づけることができる．

もっとも，数学では，いちいち「すべての x に対し」という表現は用いないが，変数 x に対する命題については「すべての x に対し」が省略されていると考えた方がよい．

b) $p \to q$ という形式の場合

証明すべき命題が $p \to q$ という形式をしていることがある．すなわち，$\vdash p \to q$ である．この

ような命題を証明する場合，数学では，

　　「pを仮定し，推論を用いてqとなることを示す」

のが一般的である．これは記号で表すと，p⊢qである．

前節で注記したように，⊢p→qとp⊢qは異なる概念である．⊢p→qは何ら仮定せずに，命題p→qが推論できることを示している．ここで，公理やすでに証明されている定理は仮定のうちには入らない．一方，p⊢qは命題pを仮定して命題qを推論することを意味している．記号論理学では，両者を明確に区別する．

もっとも，記号論理学には，次の演繹定理がある．

演繹定理

p⊢q　のとき　⊢p→q　が成立する．

（pからqが導出できるとき，p→qは真である）

演繹定理の証明は本書の範囲を超えているのでここでは省略するが，この定理があるおかげで，定理p→qを証明するのに，「pを仮定してqを導出する」方法が有効なのである．

c）$\forall x\,(p(x) \to q(x))$ という形式の場合

証明すべき命題が，$\forall x(p(x) \to q(x))$ という形式をしている場合，前述のa）とb）を組み合わせる．すなわち，任意のxに対し，$p(x)$を仮定して$q(x)$を推論する．$p(x) \vdash q(x)$が可能ならば，b）により$\vdash p(x) \to q(x)$となり，a）により$\vdash \forall x(p(x) \to q(x))$となる．

例題 4.5

実数論における定理

　　　　「$a<b$ かつ $c<d$ のとき $a+c<b+d$」

を証明せよ．ここでは，以下に掲げる実数論の公理

　A1)　$\forall x \, \forall y \, \forall a \, (x<y \to x+a<y+a)$

　A2)　$\forall x \, \forall y \, \forall z \, (x<y \land y<z \to x<z)$

　A3)　$\forall x \, \forall y \, (x+y = y+x)$

を用いよ．

【解説】

　　証明すべき命題は，述語論理の形式にすると，

$$\forall a \, \forall b \, \forall c \, \forall d \, (a<b \land c<d \to a+c<b+d)$$

である．これは，前述のc）の形式なので，任意のa, b, c, dに対し，$a<b$と$c<d$を仮定し，$a+c<b+d$を導出すればよい．

　なお，以下では推論を明示していない．どこでどのような推論が用いられているかは，読者への課題としておこう．

【証明】
以下を仮定する．
$$a < b \qquad \cdots ①$$
$$c < d \qquad \cdots ②$$
公理 A1) より，
$$a < b \to a+c < b+c \qquad \cdots ③$$
①と③より，
$$a+c < b+c \qquad \cdots ④$$
もう一度，公理 A1) より，
$$c < d \to c+b < d+b \qquad \cdots ⑤$$
②と⑤より，
$$c+b < d+b \qquad \cdots ⑥$$
⑥の両辺に公理 A3) を適用して，
$$b+c < b+d \qquad \cdots ⑦$$
④と⑦より
$$a+c < b+c \land b+c < b+d \qquad \cdots ⑧$$
次に，公理 A2) により
$$a+c < b+c \land b+c < b+d \to a+c < b+d \qquad \cdots ⑨$$
したがって，⑧と⑨より
$$a+c < b+d$$

問 4.5 実数論における定理
$$\forall a \, \forall b \, \forall c \, \forall d \, (0 < a < b \land 0 < c < d \to ac < bd)$$
を証明せよ．

ただし，以下の公理を用いよ．
A1) $\forall a \, \forall b \, \forall x \, (a < b \land 0 < x \to ax < bx)$
A2) $\forall a \, \forall b \, \forall c \, (a < b \land b < c \to a < c)$
A3) $\forall a \, \forall b \, (ab = ba)$

4.4　数学における各種証明法

　数学では，すでに述べた推論を用いて様々な定理を証明していくわけであるが，用いる推論によって証明法をいくつかに分類することができる．以下に，主なものを示す．なお，その際必要となる実数論上の公理や定理を**図 4.6** に示しておく．今後，これらは逐一提示しないので，読者は，図 4.6 に戻って，どの公理や定理が使用されているか自分で確かめながら読み進んで

いってほしい．

また，数学では，全称記号を明示しないことが多いので注意しよう．

> **T1)** $\forall x \forall y \forall z (x=y \land y=z \to x=z)$
> **T2)** $\forall x \forall y \forall z (x<y \land y<z \to x<z)$
> **T3)** $\forall x \forall y \forall a (x<y \to x+a<y+a)$
> **T4)** $\forall x \forall y \forall a (x<y \land a>0 \to ax<ay)$
> **T5)** $\forall x \forall y \forall a (x<y \land a<0 \to ax>ay)$
> **T6)** $\forall x (x^2 \geq 0)$
> **T7)** $\forall x \forall y (x=y \to x^2=y^2)$
> **T8)** $\forall x (x^2=0 \to x=0)$
> **T9)** $\forall x \forall y (x\geq 0 \land y\geq 0 \land x^2=y^2 \to x=y)$
>
> **図 4.6** 実数論における公理・定理

1 等式や不等式の証明

a) 等式の証明

等式 A＝B を証明するには，次のような方法が考えられる．

> 1) 一方（複雑な式）を変形し，他方と等しくなることを示す．
> 2) 両辺を変形し，共に等しい値となることを示す．
> 3) A－B（もしくは B－A）を変形し，0 となることを示す．

── 例題 4.6 ──

$a+b=1$ のとき $a^2+b = a+b^2$ を証明せよ．

【解説】　両辺とも式の複雑さは同じなので，上記 2) の方法を用いることにしよう．

【証明】　まず，条件より，$b=1-a$ が得られるので，これを両辺に代入する．

左辺 $= a^2+b = a^2+(1-a) = a^2-a+1$

右辺 $= a+b^2 = a+(1-a)^2 = a+(1-2a+a^2) = a^2-a+1$

よって，
$$a^2+b = a+b^2$$

問 4.6 $\dfrac{a}{b} = \dfrac{c}{d}$ のとき $\dfrac{a^2+b^2}{b^2} = \dfrac{c^2+d^2}{d^2}$ となることを証明せよ．

b) 不等式の証明

不等式 A＜B（または A≦B）の証明には，次の方法を用いる．

1) 一方（複雑な式）を変形し，与えられた大小関係が成立することを示す．
2) 両辺を変形し，与えられた大小関係が成立することを示す．
3) A−B を変形し，0未満となることを示す（A−B<0 を示す）．
4) B−A を変形し，結果が正となることを示す（B−A>0 を示す）．
5) A，B が共に正のときは，$A^2 < B^2$（または $A^2 \leqq B^2$）を示す．

例題 4.7

$|a+b| \leqq |a|+|b|$ を証明せよ．

ここで，$|x|$ は x の絶対値であり，以下のように定義される．

$$|x| = \begin{cases} x & (x \geqq 0 \text{ のとき}) \\ -x & (x < 0 \text{ のとき}) \end{cases}$$

また，絶対値に関しては以下が成立する．

$$|x|^2 = x^2, \quad |x| \geqq x, \quad |x||y| = |xy|$$

【解説】
両辺は 0 以上なので，両辺を二乗して比較することができる．

【証明】

(右辺)$^2 = (|a|+|b|)^2 = |a|^2 + 2|a||b| + |b|^2 = a^2 + 2|ab| + b^2$

(左辺)$^2 = (|a+b|)^2 = (a+b)^2 = a^2 + 2ab + b^2$

したがって，(右辺)$^2 -$ (左辺)$^2 = 2|ab| - 2ab = 2(|ab| - ab) \geqq 0$

ゆえに，左辺 ≦ 右辺．

問 4.7 $a>0, b>0$ のとき $\dfrac{a+b}{2} \geqq \sqrt{ab}$ を証明せよ．

2 場合分けによる証明

これは，命題 p を証明するのに，いくつかの場合に分け，それぞれの場合について命題 p が成立することを示す方法である．場合分けとしては，例えば，

1) n が偶数の場合
2) n が奇数の場合

に分けることもあれば，

1) $x<0$ の場合
2) $x=0$ の場合
3) $x>0$ の場合

に分けることがあるかもしれない．いずれにせよ，場合分けによる証明においては，すべての場合を言い尽くしていることが重要である（この証明の妥当性については「補講」参照）．

例題 4.8
n を整数とするとき,「n^2+3n-2 は偶数である」ことを証明せよ.

【解説】

整数は偶数と奇数に分けられる.すなわち,整数を 2 で割ったときの余りは 0 か 1 であるから,k を整数とするとき

  1) $n = 2k$ の場合(偶数の場合)

  2) $n = 2k+1$ の場合(奇数の場合)

に場合分けすることができる.

【解答】

 1) $n = 2k$ の場合

   与式 $= 4k^2+6k-2 = 2(2k^2+3k-1)$

   k は整数なので,$2k^2+3k-1$ も整数である.

   よって,与式は偶数である.

 2) $n = 2k+1$ の場合

   与式 $= (2k+1)^2+3(2k+1)-2$

     $= (4k^2+4k+1)+6k+3-2$

     $= 4k^2+10k+2$

     $= 2(2k^2+5k+1)$

   k は整数なので,$2k^2+5k+1$ も整数である.

   よって,与式は偶数である.

 上記,1),2) より,

  n が整数のとき,n^2+3n-2 は偶数である.

【注】 上例の命題は場合分けをせずに証明することもできる.その方法を以下に示す.

 n を整数とするとき,n または $n+1$ のどちらかは偶数なので,その積である $n(n+1)$ は偶数である.

これを用いる.

 まず,与式 n^2+3n-2 を変形すると,

  $n^2+3n-2 = n(n+1)+2(n-1)$

となる.ここで,$n(n+1)$ も $2(n-1)$ も偶数である.

 したがって,与式は偶数である.

問 4.8 n を整数とするとき,n^3+2n が 3 の倍数であることを場合分けにより示せ.

(ヒント:$n = 3k$ の場合,$n = 3k+1$ の場合,$n = 3k+2$ の場合に分ける)

3 **背理法**

背理法とは,証明すべき命題を p とするとき,「p の否定～p を仮定し,矛盾が生ずることを示すことによって,p であることを示す」方法である(この証明法の妥当性については「補講」

参照).

例題 4.9

$\sqrt{2}$ が無理数であることを背理法により証明せよ.

【解説】$\sqrt{2}$ が有理数であると仮定し，矛盾が生じることを示せばよい．有理数とは，分母分子が整数である分数の形式で表現できる実数のことである．

【解答】
$\sqrt{2} = \dfrac{n}{m}$（ただし，m, n は整数で，$\dfrac{n}{m}$ は既約分数）であると仮定する．

そのとき，$n = \sqrt{2}m$

両辺を二乗して
$$n^2 = 2m^2$$
よって，n は偶数（問 4.9 参照） $\cdots$ ①

そこで，$n = 2k$ とおくと，
$$4k^2 = 2m^2$$
すなわち，
$$m^2 = 2k^2$$
よって，m も偶数 $\cdots$ ②

①，②より，m と n は公約数 2 を持つ． $\cdots$ ③

しかし，仮定より，m と n は既約である． $\cdots$ ④

③と④は矛盾する．

したがって，$\sqrt{2}$ は無理数である．

【注】既約とは，1 以外に共通の約数を持たないことを言う．

問 4.9 $n^2 = 2m^2$ のとき，n は偶数となることを示せ．（ヒント：n を奇数と仮定せよ）

問 4.10 $\sqrt{3}$ が無理数であることを背理法により証明せよ．

問 4.11 p, q を 0 以外の整数とするとき，$p + \sqrt{2}q$ は無理数であることを背理法で証明せよ．なお，$\sqrt{2}$ が無理数であることを利用してもよい．（ヒント：$p + \sqrt{2}q$ が有理数であると仮定せよ）

4 数学的帰納法

数学的帰納法とは，すべての自然数 n に対して成立する命題の証明法である．具体的には，

ⅰ）$n = 1$ の場合にその命題が成立することを示す．

ⅱ）$n = k$ の場合にその命題が成立することを仮定し，$n = k+1$ の場合にも成立することを示す．

という方法である．

これは，証明すべき命題を $\forall n\, P(n)$ とするとき，
$$P(1) \wedge \forall\, k(P(k) \to P(k+1)) \to \forall\, nP(n)$$
という自然数論の公理を用いた証明方法である（この証明法の妥当性については「補講」参照）．
なお，命題が成立する自然数 n の最小値としては，1 でない場合もあるので注意しよう．

例題 4.10

任意の自然数 n に対し，

「n^2+5n-4 は偶数である」

ことを数学的帰納法により証明せよ．

【解説】まず，$n = 1$ の場合にこの命題が成立することを示す．次に，$n = k$ の場合にこの命題が成立することを仮定し，$n = k+1$ の場合にも成立することを示す．

【解答】
　ⅰ）$n = 1$ の場合
$$与式 = n^2+5n-4 = 1+5-4 = 2$$
　　よって，偶数である．
　ⅱ）$n = k$ のとき，命題が成立すると仮定する．すなわち，
$$k^2+5k-4 = 2M \quad (ただし，M は整数)$$
　　このとき，$n = k+1$ とすると，
$$\begin{aligned}
与式 &= n^2+5n-4 \\
&= (k+1)^2+5(k+1)-4 \\
&= (k^2+2k+1)+5(k+1)-4 \\
&= (k^2+5k-4)+2k+6 \\
&= 2M+2(k+3) \quad (仮定より) \\
&= 2(M+k+3)
\end{aligned}$$
　　よって，$n = k+1$ のときも成立する．
　ⅰ），ⅱ）より，任意の自然数 n に対し，命題

「n^2+5n-4 は偶数である」

　　が成立する．

問 4.12 任意の自然数 n に対し

「n^3+2n が 3 の倍数である」

が成立することを，数学的帰納法により証明せよ．

この数学的帰納法という証明方法は，数列や級数との親和性が高い．そこで，数列の章（第 7 章，第 8 章）で，再度取り上げることにしよう．

第4章のまとめ

1) いくつかの仮定から新しい真となる命題を導出する操作を [a)] という．
2) p と p→q から q を導出する [a)] を [b)] という．
3) 各理論において，あらかじめ真であると定められた命題を [c)] という．
4) [d)] とは，その理論において証明すべき真なる命題である．
5) [e)] とは，証明すべき命題 q の否定を仮定し，矛盾が生じることによ，命題 q が成立することを示す証明方法である．
6) [f)] は，自然数論の公理 $P(1) \land \forall k (P(k) \to P(k+1)) \to \forall n P(n)$ を用いた証明方法である．

練習問題 4

【1】 3つの命題 p, p→q, q→r から r を導出することを表す証明木を作成せよ．

【2】 n を整数とするとき，以下の命題を証明せよ．
　1) n^2+n は偶数である．
　2) n^2+1 は 3 の倍数ではない．
　3) n^3+5n は 6 の倍数である．

【3】 x, y, z を実数とするとき，以下を証明せよ．
　1) $x^2+y^2+z^2 \geqq xy+yz+zx$
　2) $x^2+y^2 \geqq 2x+2y-2$
　3) $x+y+z=0$ のとき，$(x+y)(y+z)(z+x)+xyz=0$

【4】 x を実数とするとき，以下を場合分けにより証明せよ．
$$|x-1|+|x-3| \geqq 2$$

【5】 以下を背理法で証明せよ．
　1) $x+\dfrac{1}{x}<2$ のとき，$x<0$ である．ただし，$x \neq 0$ とする．
　2) $\sqrt{2}+\sqrt{3}$ は無理数である．ただし，$\sqrt{6}$ が無理数であることを利用してもよい．

【6】 n を自然数とするとき，以下が成立することを数学的帰納法により証明せよ．

1) n^3+5n は6の倍数である。　　2) $n \geqq 5$ のとき，$2^n > n^2$

【7】 C大学の文学部と経済学部の学生に対して，以下の命題が成立している．

    F1) 数学を好きな学生がいる．

    F2) 物理学を好きでない学生はみな数学も好きではない．

    F3) 文学部の学生で物理学を好きな学生はいない．

    F4) 物理学を好きな学生はみなコンピュータも好きである．

このとき，以下の問に答えよ．

1) 各命題を述語論理の論理式として表現せよ．
2) F1)の学生が経済学部の学生であることを背理法で証明せよ．
3) その学生がコンピュータを好きであることを背理法で証明せよ．

第5章 初等的集合論（Ⅰ）

> 集合論は，カントールが創始した数学の一分野です．集合論およびその研究は，その後の数学全体の発展に大きく貢献しました．もっとも，集合論は，数学のみならず，コンピュータ科学においても不可欠な分野です．実際，データベース・プログラミング・人工知能などの分野は，集合論の知識なくしては，理解できないのが現実です．
> そこで，この章と次の章で集合の基本について解説します．

5.1 基礎概念

1 集合と要素

集合 (set) については，1.2 節で簡単に説明したが，その内容をもう一度整理しておこう．すでに述べたように，集合とは，「もの」の集まりである．集合を構成する「もの」を要素 (member) または元 (element) という．集合には，外延的記法と内包的記法という2通りの表現がある．外延的記法は要素を書き並べる方法で，例えば，1から5までの自然数の集合を外延的記法で表すと，

$$\{1,\ 2,\ 3,\ 4,\ 5\}$$

となる．内包的記法は要素が満たす条件を記述する方法で，先の集合を内包的記法で表すと，

$$\{n \mid n \text{ は自然数，かつ，} 1 \leqq n \leqq 5\}$$

となる．

また，x が集合 A に含まれているとき，x は集合 A に属するといい，

$$x \in A$$

と表す．x が集合 A に含まれていないときは

$$x \notin A$$

と表す．これらは命題であり，したがって真理値を持つ．また，

$$a \in \{x \mid P(x)\} \quad \leftrightarrow \quad P(a)$$

という関係が成立する．

例題 5.1

以下の命題の真理値を述べよ．
1) $3 \in \{1, 3, 5\}$　　2) $8 \in \{x \mid x \text{ は奇数}\}$

【解説】
　　　1) は 3 が集合 {1, 3, 5} の要素であるという命題であり，2) は 8 が奇数であるという命題と同値である．

【解答】
　　　1) 真　　2) 偽

問 5.1　以下の命題の真理値を述べよ．
　　　1)　$0 \in \{1, 2, 3, 4, 5\}$　　　2)　$6 \in \{x \mid x \text{ は偶数}\}$

2　部分集合

2 つの集合 A，B を考える．

集合 A の要素がすべて集合 B の要素となっているとき，集合 A は集合 B に含まれている，または，集合 A は集合 B の **部分集合**（subset）であるといい，

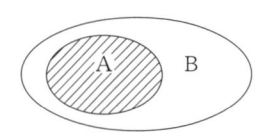

$$A \subset B$$

と書く．この状態は，図 5.1 のように表すことができる．これはまた，述語論理を用いて表すと，

$$\forall x \, (x \in A \;\; \rightarrow \;\; x \in B)$$

となる．したがって，任意の集合 S に対し，

$$S \subset S$$

が成立する．なぜならば，

$$\forall x \, (x \in S \;\; \rightarrow \;\; x \in S)$$

という命題は常に真となるからである．

図 5.1　$A \subset B$

【注】「$A \subset B$」は「$B \supset A$」とも表し，「集合 B は集合 A を含む」ともいう．

なお，$A \subset B$ であってかつ $A \neq B$ のとき，A は B の **真部分集合**（proper subset）であるという．A が B の真部分集合であることを $A \subsetneq B$ と表すこともある．

例題 5.2

以下の命題の真理値を述べよ．
　1)　$\{1, 2\} \subset \{2, 3, 4\}$　　　2)　$\{8\} \subset \{n \mid n \text{ は偶数}\}$

【解説】
　　　1) の要素 1 は集合 {2, 3, 4} には含まれていないことに注意しよう．

【解答】
　　　1) 偽　　2) 真

問 5.2　以下の命題の真理値を述べよ．
　　　1)　$\{1, 2, 3, 4, 5\} \subset \{1, 2, 3, 4, 5\}$

2) $\{3, 4, 5\} \subset \{n \mid n \text{ は奇数}\}$

3 空集合

集合論では，要素を 1 つも持たない集合も考える．要素を 1 つも持たないこの特殊な集合を**空集合**（empty set）という．空集合は ϕ（ファイ）で表す．

空集合 ϕ は，任意の集合の部分集合となる．すなわち，任意の集合を S とすると，

$$\phi \subset S$$

となる．実際，

$$\forall x \, (x \in \phi \;\to\; x \in S)$$

は常に真である（なぜならば，$x \in \phi$ は偽であるからである）．

空集合の例を以下に示す．

＜空集合の例＞
1) $\{x \mid x \neq x\}$
2) アメリカにおける女性の大統領の集合

4 全体集合

議論によっては，範囲を自然数に限定したり，実数に限定したりすることがある．このような限定された範囲全体を表す集合を**全体集合**（universal set）という．全体集合は通常 U で表すことが多い．

問 5.3 自然数の集合を N，整数の集合を Z，有理数の集合を Q，実数の集合を R とするとき，これらの包含関係を図示せよ．また，記号で表せ．

5.2　基本的な集合演算

2 つの集合をもとに，別の集合を作り出すことができる．これを**集合演算**という．集合演算にはいろいろなものがあるが，以下では，そのうちで基本となるものについて紹介する．なお，以下では，全体集合 U の中の集合 A，B を**図 5.2** のように表しておく．

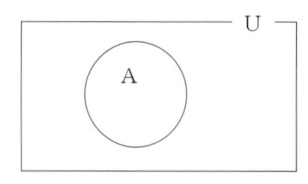

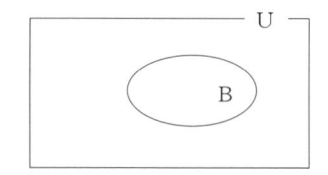

図 5.2　集合 A と B

1 共通部分

2 つの集合 A，B の両方に属する要素の集まりを，集合 A，B の**共通部分**（intersection）といい，

$$A \cap B$$

と書く（これは，**A インタセクション B** と読む）．内包的に表すと，
$$A \cap B = \{x \mid x \in A \land x \in B\}$$
となる．明らかに，
$$A \cap B \subset A, \quad A \cap B \subset B, \quad A \cap A = A$$
が成立する．

一般に，A_1，A_2，$\cdots$，A_n の共通部分は
$$A_1 \cap A_2 \cap \cdots \cap A_n$$
と書くことができる．

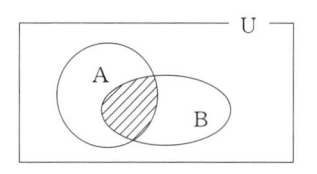

図 5.3　$A \cap B$

なお，$A \cap B = \phi$ となるとき，A と B は「**互いに素**（disjoint）である」という．

例題 5.3

以下の集合演算を行いなさい．

1) ｛ギター，ピアノ｝∩｛フルート，クラリネット，ピアノ｝

2) ｛1, 2, 3, 4｝∩｛2, 4, 6, 8｝

【解説】
演算結果は集合なので，要素が一つだけの場合でも，中括弧で囲むことを忘れないこと．

【解答】

1) ｛ピアノ｝　　　2) ｛2, 4｝

問 5.4　以下の集合演算を行いなさい．

1) ｛数学，国語，英語｝∩｛理科，数学｝

2) ｛1, 2, 3, 4｝∩｛1, 3, 5, 7｝

例題 5.4

以下の集合演算を行いなさい．ただし，実数全体の集合 R を全体集合とする．

1) $\{x \mid 2 \leqq x \leqq 5\} \cap \{x \mid 4 < x < 6\}$

2) $\{x \mid 2 \leqq x < 5\} \cap \{x \mid 4 \leqq x < 6\}$

【解説】
このような問題の場合，図を書いてみるとわかりやすい．下図において，x 軸と垂直の場合は端点を含み，斜線の場合は端点を含まないことを表す．

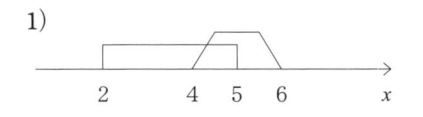

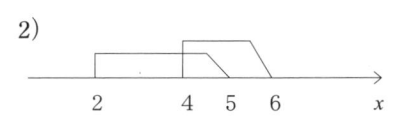

【解答】

1) $\{x \mid 4 < x \leqq 5\}$　　　2) $\{x \mid 4 \leqq x < 5\}$

問 5.5 以下の集合演算を行いなさい．ただし，実数全体の集合 R を全体集合とする．

1) $\{x \mid 1 \leqq x < 3\} \cap \{x \mid 2 < x \leqq 4\}$

2) $\{x \mid 1 \leqq x < 6\} \cap \{x \mid 2 < x \leqq 4\}$

2 合併集合

2つの集合 A, B の少なくともいずれか一方に含まれる要素の集まりを，集合 A, B の**合併集合**（union）または**和集合**（sum set）といい，

$$A \cup B$$

と書く（これは，**A ユニオン B** と読む）．すなわち，

$$A \cup B = \{x \mid x \in A \lor x \in B\}$$

である．明らかに，

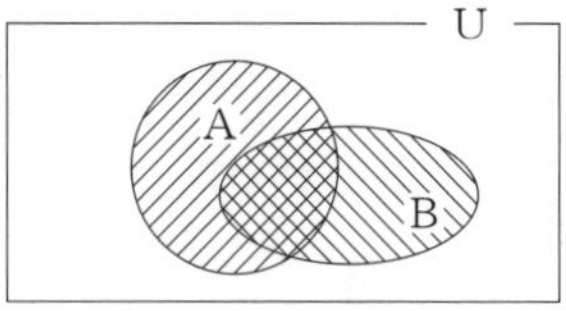

$$A \subset A \cup B, \quad B \subset A \cup B, \quad A = A \cup A$$

である．

一般に，$A_1, A_2, \cdots, A_n$ の合併集合は

$$A_1 \cup A_2 \cup \cdots \cup A_n$$

と書くことができる．

図 5.4 A∪B

例題 5.5

以下の集合演算を行いなさい．

1) {ギター，ピアノ}∪{フルート，クラリネット，ピアノ}

2) $\{1, 2, 3, 4\} \cup \{2, 4, 6, 8\}$

【解答】

1) {ギター，ピアノ，フルート，クラリネット}

2) $\{1, 2, 3, 4, 6, 8\}$

問 5.6 以下の集合演算を行いなさい．

1) {数学，国語，英語}∪{理科，数学}

2) $\{1, 2, 3, 4\} \cup \{1, 3, 5, 7\}$

例題 5.6

以下の集合演算を行いなさい．ただし，実数全体の集合 R を全体集合とする．

1) $\{x \mid 2 \leqq x \leqq 5\} \cup \{x \mid 4 < x < 6\}$

2) $\{x \mid 2 \leqq x < 5\} \cup \{x \mid 4 \leqq x \leqq 6\}$

【解答】

1) $\{x \mid 2 \leqq x < 6\}$ 2) $\{x \mid 2 \leqq x \leqq 6\}$

問 5.7 以下の集合演算を行いなさい．ただし，実数全体の集合 R を全体集合とする．

1) $\{x \mid 1 \leqq x < 3\} \cup \{x \mid 2 < x \leqq 4\}$

2) $\{x \mid 1 \leqq x < 6\} \cup \{x \mid 2 < x \leqq 4\}$

3 補集合

集合 A に含まれないものの集まりを，集合 A の **補集合** (complementary set) といい，

$$A^c$$

と表す．補集合を扱う場合には，全体集合を明らかにしておく必要がある．全体集合を U とすると，

$$A^c = \{x \mid x \in U \land x \notin A\}$$

となる．

補集合については，以下が成立する．

1) $U^c = \phi \qquad \phi^c = U$
2) $(A^c)^c = A$
3) $A \cup A^c = U \qquad A \cap A^c = \phi$

図5.5 A^c

なお，集合 A の補集合は $\overline{A}$ と表す書物もあるが，本書では A^c で統一する．

例題 5.7

以下の集合演算を行いなさい．ただし，整数全体の集合 Z を全体集合とする．

1) $\{n \mid n$ は奇数 $\}^c$

【解答】

1) $\{n \mid n$ は偶数 $\}$

問 5.8 以下の集合演算を行いなさい．ただし，整数全体の集合 Z を全体集合とする．

1) $\{n \mid n$ は 3 の倍数 $\}^c$

例題 5.8

以下の集合演算を行いなさい．ただし，実数全体の集合 R を全体集合とする．

1) $\{x \mid 2 \leqq x \leqq 5\}^c$

【解答】

1) $\{x \mid x < 2 \lor 5 < x\}$

問 5.9 以下の集合演算を行いなさい．ただし，実数全体の集合 R を全体集合とする．

1) $\{x \mid 1 \leqq x < 3\}^c$ 2) $\{x \mid x > 0\}^c$

4 差集合

集合 A に含まれているもののうち，集合 B に含まれないものの集合を

$$A - B$$

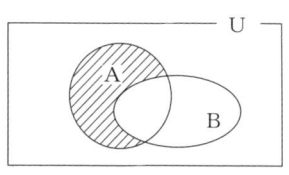

図5.6 $A - B$

で表す．これを**差集合**（difference set）という．補集合を使って差集合を表すと，
$$A-B = A \cap B^c$$
となる．$A \subset B$ のときは $A-B = \phi$ である．

なお，差集合は $A \backslash B$ と表す書物もあるが，本書では $A-B$ で統一する．

例題 5.9

以下の集合演算を行いなさい．
1) $\{1, 2, 3, 4\} - \{2, 4, 6, 8\}$
2) $\{4, 8\} - \{2, 4, 6, 8\}$

【解説】

1)では集合 $\{1, 2, 3, 4\}$ のうちから集合 $\{2, 4, 6, 8\}$ に含まれる要素を取り除く．2) では集合 $\{4, 8\}$ から集合 $\{2, 4, 6, 8\}$ に含まれる要素を取り除く．要素がすべてなくなれば空集合となる．

【解答】

1) $\{1, 3\}$ 2) ϕ

問 5.10 以下の集合演算を行いなさい．
1) $\{1, 2, 3, 4\} - \{1, 3, 5, 7\}$
2) $\{1, 5\} - \{1, 3, 5, 7\}$

例題 5.10

以下の集合演算を行いなさい．ただし，実数全体の集合 R を全体集合とする．
1) $\{x \mid 2 \leqq x \leqq 5\} - \{x \mid 4 < x < 6\}$
2) $\{x \mid 2 \leqq x < 5\} - \{x \mid 4 \leqq x < 6\}$

【解説】

例題 5.4 で説明した図を書いてみるとよい．端点が含まれるか含まれないかに注意しよう．

【解答】

1) $\{x \mid 2 \leqq x \leqq 4\}$ 2) $\{x \mid 2 \leqq x < 4\}$

問 5.11 以下の集合演算を行いなさい．ただし，実数全体の集合 R を全体集合とする．
1) $\{x \mid 1 \leqq x < 6\} - \{x \mid 3 < x \leqq 8\}$
2) $\{x \mid 1 \leqq x < 6\} - \{x \mid 2 < x \leqq 4\}$

5 基本的な公式

図 5.7 に，集合演算に関する公式をいくつか掲げる．これらは，集合演算を行う際によく利用される．これらの証明は難しくはない．

一般に，$A \subset B$ を証明するには，

「$x \in A$ である任意の x に対し，$x \in B$ となる」

ことを示せばよい．

また，A＝B の証明では，

$$A \subset B \quad \text{と} \quad B \subset A$$

の両方を証明する．

---

1) $A \cap A = A$ $A \cup A = A$
2) $A \cap B = B \cap A$ $A \cup B = B \cup A$
3) $A \cap U = A$ $A \cup U = U$
4) $A \cap \phi = \phi$ $A \cup \phi = A$
5) 分配法則
   $A \cap (B \cup C) = (A \cap B) \cup (A \cap C)$
   $A \cup (B \cap C) = (A \cup B) \cap (A \cup C)$
6) $A \cap (A \cup B) = A$
   $A \cup (A \cap B) = A$
7) ド・モルガンの法則
   $(A \cap B)^c = A^c \cup B^c$
   $(A \cup B)^c = A^c \cap B^c$
8) $A \cap B = A \leftrightarrow A \subset B$
   $A \cup B = B \leftrightarrow A \subset B$

図 5.7 集合に関する公式

以下にいくつか証明例を挙げよう．

例題 5.11

以下を証明せよ．

1) $(A \cap B)^c = A^c \cup B^c$ 2) $A \cap B = A \leftrightarrow A \subset B$

【解説】

1) においては，

$$x \in (A \cap B)^c \leftrightarrow x \in A^c \cup B^c$$

を示せばよいが，途中で，命題論理におけるド・モルガンの法則

$$\sim(p \wedge q) = \sim p \vee \sim q$$

を用いる．

2) においては，

$$A \cap B = A \rightarrow A \subset B$$
$$A \subset B \rightarrow A \cap B = A$$

の両方を示す．

【解答】

1) $x \in (A \cap B)^c \leftrightarrow x \notin A \cap B$
$\leftrightarrow \sim (x \in A \cap B)$
$\leftrightarrow \sim (x \in A \wedge x \in B)$
$\leftrightarrow \sim (x \in A) \vee \sim (x \in B)$
$\leftrightarrow x \notin A \vee x \notin B$
$\leftrightarrow x \in A^c \vee x \in B^c$
$\leftrightarrow x \in A^c \cup B^c$

したがって，
$$(A \cap B)^c = A^c \cup B^c$$

2) ($A \cap B = A \rightarrow A \subset B$ の証明)

明らかに，$A \cap B \subset B$.

一方，条件より，$A = A \cap B$.

よって，$A \subset B$

($A \subset B \rightarrow A \cap B = A$ の証明)

明らかに，$A \cap B \subset A$　…　①

次に，$A \subset A \cap B$ を示す.

今，$x \in A$ とすると，

条件 $A \subset B$ より，$x \in B$ となるので，

$x \in A \cap B$

よって，

$x \in A$ のとき $x \in A \cap B$

すなわち，$A \subset A \cap B$　…　②

①，②より

$A = A \cap B$

したがって，

$A \cap B = A \leftrightarrow A \subset B$

問 5.12 以下を証明せよ．

1) $(A \cup B)^c = A^c \cap B^c$ 2) $A \cup B = B \leftrightarrow A \subset B$

5.3　直積と関係

1　順序対

集合 A の要素 x と集合 B の要素 y における順序付けられた組を **順序対**（ordered pair）といい，

$$(x, y)$$

で表す．例えば，2次元平面における点の座標は順序対である．

2　直積

集合 A の要素 x と集合 B の要素 y に対する順序対 (x, y) を要素とする集合を A と B の**直積**（direct product）または**積集合**（product set）といい，**A × B** で表す．すなわち，

$$A \times B = \{(x, y) \mid x \in A \wedge y \in B\}$$

である．

一般に，A_1, A_2, $\cdots$, A_n の直積は

$$A_1 \times A_2 \times \cdots \times A_n$$

と書く．特に，$A_1 = A_2 = \cdots = A_n = A$ の場合，

$$A^n$$

と略記する．

例題 5.12

$A = \{a, b, c\}$，$B = \{1, 2\}$ のとき，$A \times B$ を外延的に記述せよ．

【解答】
$$A \times B = \{(a,1), (a,2), (b,1), (b,2), (c,1), (c,2)\}$$

問 5.13　$A = \{a, b, c\}$，$B = \{1, 2\}$ とき，$B \times A$ を外延的に記述せよ．

3　関係（relation）

直積 $A_1 \times A_2 \times \cdots \times A_n$ の部分集合 R を **n 項関係**（n-ary relation）という．特に，$n = 2$ のときの **2 項関係**（binary relation）は重要である．順序対 (x, y) が 2 項関係 R の要素であるとき，すなわち，$(x, y) \in R$ のとき，一般に，

$$x R y$$

と表すことが多い．例えば，大小関係を表す不等号 < は，実数における 2 項関係であり，その状況は $x < y$ のように表す．集合論における関係は，第 3 章で述べた記号論理学における述語と同じ概念である．集合論で $(x, y, z) \in R$ と記述するものを，述語論理では $R(x, y, z)$ と記述するだけの違いである．

2 項関係 R のうち，以下の 3 つの条件を満たすものを**同値関係**（equivalence relation）という．

- 反射律　　aRa
- 対称律　　$aRb \rightarrow bRa$
- 推移律　　$aRb \wedge bRc \rightarrow aRc$

同値関係は，グラフで表すと，直線 $y = x$ に関して対称となる．

例題 5.13

$S = \{1, 2, 3, 4, 5\}$ とし，関係 R を S×S の部分集合として次のように定義する．

$$xRy \;\leftrightarrow\; x > y$$

このとき，関係 R を外延的に記述せよ．

【解説】

$x > y$ が成立するとき，$(x, y) \in R$ である．

【解答】

$R = \{(5,1), (5,2), (5,3), (5,4), (4,1), (4,2), (4,3),$
$\quad\quad (3,1), (3,2), (2,1)\}$

R を図示すると，右図のようになる．

問 5.14 $S = \{1, 2, 3, 4, 5, 6, 7\}$ とし，関係 R を S×S の部分集合として以下のように定義する．

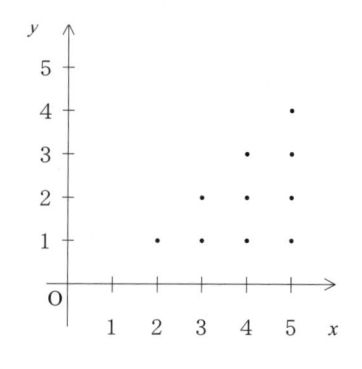

$$xRy \;\leftrightarrow\; x, y をそれぞれ 3 で割ったときのあまりが等しい$$

このとき，関係 R を外延的に記述せよ．また，R を図示せよ．

証明は省略するが，上問 5.14 で定義した関係 R は同値関係である．

4 関係データベース

関係データベース（Relational Data Base；以下 **RDB** と略記する）は，コッドの考案によるデータベースの実現方法である．RDB では，データ項目間の関わり，すなわち，関係を表の形式で表現できる．

以下に例を挙げよう．今，

商品コード	商品名	単価	在庫量
10110	パソコン	200000	300
10200	電卓	1500	40000
20100	ラジカセ	20000	5500
30100	テレビ	150000	1200

図 5.8 関係「在庫表」

商品コード ＝ 自然数の集合 N

商品名 ＝ {パソコン, 電卓, ラジカセ, テレビ}

単価 ＝ N

在庫量 ＝ N

とする．そのとき，**図 5.8** に示す関係「在庫表」は，

商品コード×商品名×単価×在庫量

という直積の部分集合である．この「在庫表」は，RDB におけるファイルの一つと見なすことができる．各行が特定の商品のデータを表している．

RDB では，合併集合や共通部分といった集合演算のほか，

選択 (selection) … ある条件を満たすデータのみを取り出す操作

射影 (projection) … 特定の列データのみを取り出す操作

といった操作を行うことができる．これらは，**SELECT 文**により行う．SELECT 文は，

SELECT 列名の並び

FROM 表名

WHERE　条件

という形式で用いる．条件は **AND（論理積）** や **OR（論理和）** などの論理演算子により複合化させることもできる．

--- 例題 5.14 ---

図 5.8 のデータを仮定したとき，次の SELECT 文により，どのようなデータが得られるか．

　　　　SELECT　商品名，単価
　　　　FROM　　在庫表
　　　　WHERE　　単価＞10000

【解説】
条件「単価＞10000」を満たす行データのうち，商品名と単価のみを取り出す．

【解答】

商品名	単　価
パソコン	200000
ラジカセ	20000
テレビ	150000

問 5.15　右図のような RDB ファイル「成績表」がある．このとき，次の SELECT 文を実行すると，どのようなデータが得られるか．

　　　　SELECT　科目，成績
　　　　FROM　　成績表
　　　　WHERE　　成績≧70

科目番号	科　目	成　績
1001	数学	85
1002	経済学	45
1003	生物学	70
1004	物理学	90

5.4　集合の集合

1　べき集合

場合によっては，集合を要素とする集合を扱うこともある．例えば，A = {1,2}，B = {3,4}，C = {5,6,7}，S = {A,B,C} とするとき，S は集合の集合である．特に，任意の集合を X とするとき，その部分集合全体からなる集合は重要である．この集合を X の**べき集合**（power set）といい，2^X と表す．すなわち，

$$2^X = \{S \mid S \subset X\}$$

である．なお，集合 X の要素数が n 個のとき，X の部分集合は 2^n 個ある．

例題 5.15

$X = \{a, b\}$ のとき,2^X を外延的に記述せよ.

【解説】

集合 X は要素数が 2 個なので,X の部分集合は $2^2 = 4$ 個ある.

【解答】
$$2^X = \{\phi, \{a\}, \{b\}, \{a,b\}\}$$

問 5.16 $X = \{a, b, c\}$ のとき,2^X を外延的に記述せよ.

第 5 章のまとめ

1) $A \subset B$ が成立するとき,集合 A は集合 B の ___a)___ であるという.
2) 要素を 1 つも持たない集合を ___b)___ といい,ϕ で表す.
3) 2 つの集合 A,B の両方に属する要素からなる集合 $A \cap B$ を ___c)___ という.
3) $A \cap B = \phi$ となるとき,A と B は ___d)___ という.
4) A と B の ___e)___ は,$A \cup B$ と表す.
5) 全体集合を U とするとき,$U^c =$ ___f)___ となる.
6) $(A \cap B)^c =$ ___g)___ は,集合論におけるド・モルガンの法則である.
7) 直積の部分集合を ___h)___ という.
8) 集合 2^X を X の ___i)___ という.

練習問題 5

【1】 以下の命題の真理値を求めよ.

　1) $5 \in \{x \mid 2 \leqq x \leqq 8\} \cap \mathbb{N}$

　2) $\{6, 7\} \subset \{x \mid 1 < x < 7\} \cup \{y \mid 7 < y \leqq 9\}$

【2】 以下の集合を外延的に記述せよ.

　1) $\{n \mid -5 < n < 9\} \cap \mathbb{Z}$

　2) $\{n \mid -5 < n < 9\} \cap \mathbb{N}$

【3】 以下の集合演算を行え.

　1) $\mathbb{N} - \{n \mid 6 \leqq n < 8\}$

2) $\{x \mid 2 \leqq x < 3\} \cup \{x \mid 3 \leqq x < 4\} \cup \{x \mid 4 \leqq x < 5\}$

【4】以下の公式を証明せよ．
1) $A \cap (B \cup C) = (A \cap B) \cup (A \cap C)$
2) $A \cap (A \cup B) = A$
3) $A \subset X$, $B \subset X$ のとき，$A \cup B \subset X$

【5】 $X = \{1, 2\}$, $Y = \{a, b\}$, $Z = \{x, y\}$ のとき，直積 $X \times Y \times Z$ を外延的に記述せよ．

【6】 $X = \{1, 2, 3, 4, 5\}$, $Y = \{6, 7, 8, 9, 10\}$ とし，関係 R を $X \times Y$ の部分集合として以下のように定義する．
$$xRy \quad \leftrightarrow \quad f(y-x) = 0$$
ただし，$f(n)$ は「n を 4 で割ったときの余り」とする．
このとき，関係 R を外延的に記述せよ．

【7】右図は RDB ファイル「所属表」である．この時，以下の SELECT 文を実行すると，どのような結果が得られるか．

氏　名	学部名	年齢
東京太郎	経済学部	20
大阪花子	経済学部	21
福岡次郎	経営学部	18
神戸京子	経済学部	19

　　SELECT　氏名, 年齢
　　FROM　　所属表
　　WHERE　学部名='経済学部'　AND　年齢≦20

【8】 $X = \{a, b, c, d\}$ のとき，べき集合 2^X を外延的記法で記述せよ．

第6章 初等的集合論（II）

> この章では，集合論の続きとして，写像と集合の濃度について解説します．写像は関数ともいい，数学にはなくてはならない概念ですが，プログラミングの世界でも必須のものです．また，集合の濃度は，有限集合の場合の要素数を無限集合にまで拡張した概念です．濃度を理解するには，写像の概念が不可欠です．

6.1 写像

すでに，中学・高校で，関数について学んだ．例えば，

$$y = 2x+5$$
$$y = x^2-4x+7$$

などは関数の例である．

関数（function）とは，数の集合から数の集合への対応を示す数学的概念である．ここでは，この関数をもう少し抽象化した写像について学ぶ．

1 写像の基礎

集合 X の各要素に対し，集合 Y の要素が1つずつ対応するとき，この対応関係を X から Y への**写像**（mapping）という．このとき，集合 X を**定義域**（domain）という．

X から Y への写像を f とする．X の要素 x に対する Y の要素は

$$f(x)$$

と表す．これを **x の像**（image）または，x における **f の値**（value）という．さらに，$f(x)$ の集合

$$\{f(x) \mid x \in X\}$$

を X の像または**値域**（range）といい，$f(X)$ と表す．

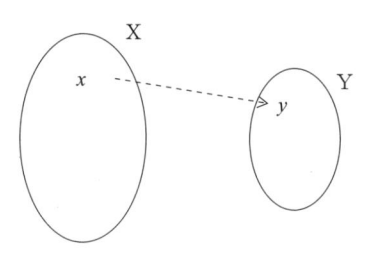

図6.1 X から Y への写像

> 【注】 f と $f(x)$ は全く異なる概念であるので，両者を混同しないように注意しよう．f が写像であり，$f(x)$ は x における f の値である．ただし，写像 f を具体的に表す場合には，例えば，
>
> $$f(x) = 2x+3$$
>
> のように $f(x)$ を用いる．この表現は，任意の x に対し，x が $2x+3$ と対応していることを意味している．これは

$$f: x \mapsto 2x+3$$

と表すこともある．

写像 f は，

$$f : \mathrm{X} \to \mathrm{Y}$$

のように表すこともある．一般に，$f(\mathrm{X}) \subset \mathrm{Y}$ であるが，$f(\mathrm{X}) = \mathrm{Y}$ となるとは限らない．

例題 6.1

X ＝ {太郎, 次郎, 花子}

Y ＝ {野球, テニス, サッカー}

play（太郎）＝ 野球

play（次郎）＝ 野球

play（花子）＝ テニス

とするとき，X の像 play(X) を求めよ．

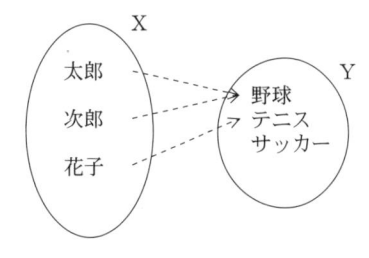

図 6.2 写像 play

【解説】

　　play(X) ＝ {play(x) | $x \in$ X} である．

　　この状態を図示すると，右図のようになる．

【解答】

　　play(X) ＝ {野球, テニス}

　　なお，play(X) $\subsetneq$ Y である．

問 6.1　X ＝ {東京, 北京, 香港, 大阪}

　　Y ＝ {アメリカ, 中国, イギリス, 日本}

　　country（東京）＝ 日本

　　country（北京）＝ 中国

　　country（香港）＝ 中国

　　country（大阪）＝ 日本

　　とするとき，X の像 country(X) を求めよ．

例題 6.2

X ＝ {x | $3 \leqq x \leqq 8$},　　$f(x) = 3x-2$

とするとき，X の像 f(X) を求めよ．

【解説】

　　$f(x) = 3x-2$ は 1 次関数であり，グラフにすると直線となる．

$$f(3) = 3 \times 3 - 2 = 7$$
$$f(8) = 3 \times 8 - 2 = 22$$

だから，$y = f(x)$ の範囲は
$$7 \leqq y \leqq 22$$
となる（右図参照）．

【解答】
$$f(\mathrm{X}) = \{y \mid 7 \leqq y \leqq 22\}$$

問 6.2 $\mathrm{X} = \{x \mid -1 \leqq x \leqq 1\}$
$$f(x) = x^2 + x - 2$$
とするとき，X の像 $f(\mathrm{X})$ を求めよ．また，グラフを描け．

【注】 $f(x) = x^2 + x - 2$ は2次関数なので，そのグラフは放物線となる．

2 部分集合の像

X の部分集合を A とする．A の要素の像からなる集合を，A の像といい，$f(\mathrm{A})$ と表す．すなわち，
$$f(\mathrm{A}) = \{f(x) \mid x \in \mathrm{A}\}$$
である．

部分集合の像に関しては，以下が成立する．

---
1) $\mathrm{A} \subset \mathrm{B} \subset \mathrm{X} \to f(\mathrm{A}) \subset f(\mathrm{B}) \subset f(\mathrm{X}) \subset \mathrm{Y}$
2) $f(\mathrm{A} \cup \mathrm{B}) = f(\mathrm{A}) \cup f(\mathrm{B})$
3) $f(\mathrm{A} \cap \mathrm{B}) \subset f(\mathrm{A}) \cap f(\mathrm{B})$

最後の式で，等号は必ずしも成り立たないことに注意しよう．以下に，例を示す．

例題 6.3

$\mathrm{A} = \{x \mid -1 \leqq x \leqq 0\}$, $\mathrm{B} = \{x \mid 0 \leqq x \leqq 2\}$, $f(x) = x^2 + 1$
とするとき，
$$f(\mathrm{A} \cap \mathrm{B}), \quad f(\mathrm{A}) \cap f(\mathrm{B})$$
を求めよ．

【解答】 $\mathrm{A} \cap \mathrm{B} = \{0\}$ だから，
$$f(\mathrm{A} \cap \mathrm{B}) = \{f(0)\} = \{1\}$$
一方，$f(\mathrm{A}) = \{y \mid 1 \leqq y \leqq 2\}$, $f(\mathrm{B}) = \{y \mid 1 \leqq y \leqq 5\}$ なので，
$$f(\mathrm{A}) \cap f(\mathrm{B}) = f(\mathrm{A}) = \{y \mid 1 \leqq y \leqq 2\}$$
（したがって，$f(\mathrm{A} \cap \mathrm{B}) \subsetneqq f(\mathrm{A}) \cap f(\mathrm{B})$）

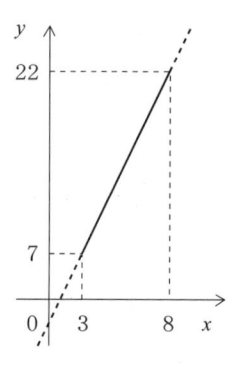

問 6.3 $\mathrm{A} = \{x \mid -1 \leqq x \leqq 0\}$, $\mathrm{B} = \{x \mid 0 \leqq x \leqq 2\}$, $f(x) = x^2 + 1$
とするとき，

$$f(A \cup B), \quad f(A) \cup f(B)$$

を求めよ．

3 全射と単射

一般に，集合 X から集合 Y への写像 f では，
$$f(X) \subset Y$$
が成立するが，必ずしも，$f(X) = Y$ とはならない．

写像 $f : X \to Y$ が
$$f(X) = Y$$
を満たすとき，その写像を**全射**（epimorphism）もしくは Y の**上への写像**（surjective mapping）という．

また，$f(x) = x^2$ に代表されるように，異なる値の像が一致することがある．例えば，$f(1) = f(-1) = 1$ である．これに対し，値 x が異なるときには必ず，像 $f(x)$ も異なるような写像も存在する．このような写像を，**単射**（monomorphism）または **1 対 1 写像**（injective mapping; one-to-one mapping）という．形式的には，定義域 X における任意の要素 x_1, x_2 に対し，
$$x_1 \neq x_2 \quad \to \quad f(x_1) \neq f(x_2)$$
または，その対偶
$$f(x_1) = f(x_2) \quad \to \quad x_1 = x_2$$
が成立する写像をいう．

全射でかつ単射のときには，**全単射**（bijection）という．

例題 6.4

下図の写像 f は全射か．また，単射か．

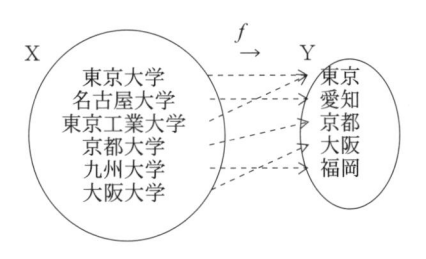

X　　　　　$\xrightarrow{f}$　　Y

東京大学　　　　　　東京
名古屋大学　　　　　愛知
東京工業大学　　　　京都
京都大学　　　　　　大阪
九州大学　　　　　　福岡
大阪大学

【解説】
　　Y のどの要素にも必ず，対応する X の要素が存在するので，全射である．一方，Y の要素「東京」には，X の 2 つの要素が対応しているので単射ではない．

【解答】
　　全射であるが単射ではない．

問 6.4 下図の写像 g は全射か．単射か．

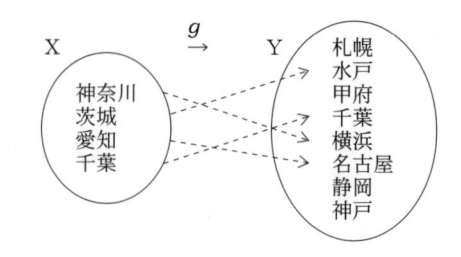

例題 6.5

実数全体の集合 R から R への写像 f を次のように定義する．このとき，f は全射か．また，単射か．
$$f(x) = 2x+1$$

【解説】

任意の y に対し，$y=2x+1$ となる x が存在すれば写像 f は全射である．一方，
$$f(x_1)=f(x_2) \to x_1=x_2$$
が成り立てば f は単射である．全射でありかつ単射であれば，全単射である．

【解答】

1) f が全射であることの証明

任意の y に対し，$x=\dfrac{y-1}{2}$ をとると，
$$f(x) = f\left(\dfrac{y-1}{2}\right) = 2\left(\dfrac{y-1}{2}\right)+1 = y$$
すなわち，$f(x)=y$ となる．

したがって，写像 f は全射である．

2) f が単射であることの証明

$f(x_1)=f(x_2)$ を仮定する．すなわち，

$2x_1+1 = 2x_2+1$

これを解くと $x_1=x_2$

したがって，写像 f は単射である．

1)，2)より，写像 f は全単射である．

問 6.5 実数の部分集合 $X = \{x \mid 0 \leqq x \leqq 2\}$ から集合 $Y = \{y \mid 0 \leqq y \leqq 4\}$ への写像 g を次のように定義する．写像 g は全射か．また，単射か．
$$g(x) = x^2$$

例題 6.6

定義域 X，値域 Y を以下のように定義するとき，X から Y への全単射を一つ定めよ．

1) $X = \{x \mid 0 < x < 1\}$　　$Y = \left\{y \mid -\dfrac{\pi}{2} < y < \dfrac{\pi}{2}\right\}$

2) $X = \{x \mid -\frac{\pi}{2} < x < \frac{\pi}{2}\}$ $Y =$ 実数全体の集合 R

【解答】

1) $f(x) = \pi x - \frac{\pi}{2}$ 2) $f(x) = \tan x$

問 6.6 定義域 X, 値域 Y を以下のように定義するとき, X から Y への全単射を一つ定めよ.

1) $X = \{x \mid 0 < x < 1\}$
   $Y = \{y \mid 2 < y < 4\}$
2) $X =$ 自然数全体の集合 N
   $Y =$ 整数全体の集合 Z

(ヒント:自然数を偶数と奇数に分け,それらを,0 以上の整数と負の整数に対応させてみよ).

4 合成写像

集合 X から集合 Y への写像を f, 集合 Y から集合 Z への写像を g とする. そのとき, f と g を用いることによって, 集合 X から集合 Z への写像 h が得られる. これを写像の **合成**（composition）という. また, 得られた写像 h を **合成写像**（composite mapping）といい,

$$g \circ f$$

と表す. このとき, 集合 X 内の任意の要素 x に対し,

$$g \circ f(x) = g(f(x))$$

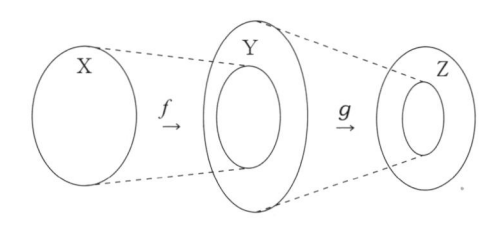

図 6.3 写像の合成

が成立する. 実際,

$$y = f(x) \qquad z = g(y)$$

とするとき,

$$z = h(x) = g \circ f(x)$$

となる. 一方,

$$z = g(y) = g(f(x))$$

なので,

$$g \circ f(x) = g(f(x))$$

である.

例題 6.7

$$f(x) = 3x + 1 \qquad g(x) = x^2 - x$$

のとき, 合成写像 $g \circ f$ を求めよ.

【解説】

$g \circ f(x) = g(f(x))$ を用いて計算すればよい．

【解答】
$$g \circ f(x) = g(f(x)) = g(3x+1) = (3x+1)^2 - (3x+1) = (9x^2+6x+1) - (3x+1)$$
$$= 9x^2+3x$$

問 6.7 $f(x) = x-2 \quad g(x) = 2x^2$

のとき，合成写像 $g \circ f$ を求めよ．

5 **恒等写像**

集合 X から集合 X すなわち自分自身への写像もある．その中で特に
$$f(x) = x$$
となる写像は重要である．これを**恒等写像**（identity mapping）といい，i_X で表す．

一般に，
$$f : X \to Y$$
とすると，
$$f \circ i_X = f \qquad i_Y \circ f = f$$
が成立する．

6 **逆写像**

集合 X から集合 Y への写像 f が全単射の場合，X の要素 x と Y の要素 y は必ず 1 対 1 に対応するので，逆に Y から X への写像を考えることができる．この Y から X への写像を f の**逆写像**（inverse mapping）といい，f^{-1} と記述する．すなわち，$y = f(x)$ のとき，$x = f^{-1}(y)$ である．また，逆写像に関しては，以下が成立する．
$$f^{-1} \circ f = i_X \qquad f \circ f^{-1} = i_Y$$

また，$f : X \to Y$, $g : Y \to Z$ が共に全単射のとき，合成写像 $g \circ f$ も全単射なので，その逆写像 $(g \circ f)^{-1}$ が存在する．
$$(g \circ f)^{-1} = f^{-1} \circ g^{-1}$$
となることが簡単に証明できる（問 6.9）．

例題 6.8

実数全体の集合 R から R への写像 f を次のように定義する．
$$f(x) = 2x+2$$
このとき，逆写像 f^{-1} を求めよ．

【解説】
$f(x)$ を y とおき，x について解けばよい．

【解答】
$y = 2x+2$ を x について解くと，$x = \dfrac{y}{2} - 1$

よって，$x = f^{-1}(y) = \dfrac{y}{2} - 1$

したがって，求める逆写像は，$f^{-1}(x) = \dfrac{x}{2} - 1$.

問 6.8 R から R への写像 f を次のように定義する．
$$f(x) = 2x - 4$$
このとき，逆写像 f^{-1} を求めよ．

問 6.9 f, g が全単射のとき
$$(g \circ f)^{-1} = f^{-1} \circ g^{-1}$$
を証明せよ．（ヒント：$y = f(x)$, $z = g(y)$ とするとき，$x = f^{-1}(y)$, $y = g^{-1}(z)$ である．）

6.2 濃度

濃度（cardinal number）とは，集合の持つ属性の一つである．有限集合の場合，濃度は，その集合に含まれる要素の個数に等しい．この節では，濃度について述べる．

1 要素数

ここでは，有限集合のみを考える．

今，集合 A の要素数すなわち濃度を $|A|$ と表すと，以下が成立する．

$$|\phi| = 0$$
$$A \subset B \rightarrow |A| \leqq |B|$$
$$|A \times B| = |A| \times |B|$$
$$|A| + |B| = |A \cup B| + |A \cap B|$$

特に，
$$A \cap B = \phi \rightarrow |A| + |B| = |A \cup B|$$
となるので，全体集合を U とするとき，
$$|A| + |A^c| = |U|$$
が成立する．

なお，$|2^A| = 2^{|A|}$ である．

【注】 集合 A の濃度を $\overline{\overline{A}}$ と記述する書物もあるが，本書では $|A|$ と表す．

例題 6.9

太郎のクラスには 40 人の生徒がいる．そのうち，英語を好きな生徒は 20 人，数学を好きな生徒は 15 人，英語も数学も好きな生徒は 10 人である．

このとき，英語も数学も好きでない生徒は何人か．

【解説】

クラス全体の集合を U，英語を好きな生徒の集合を A，数学を好きな生徒の集合を B

とすると，与えられた条件から，$|U|=40$, $|A|=20$, $|B|=15$, $|A\cap B|=10$ である．求めるものは，
$$A^c \cap B^c = (A\cup B)^c$$
という集合の人数である．

【解答】
$$|A\cup B| = |A|+|B|-|A\cap B| = 20+15-10 = 25$$
よって，
$$|A^c \cap B^c| = |(A\cup B)^c| = |U|-|A\cup B| = 40-25 = 15$$

問 6.10 花子のクラスには 45 人の生徒がいる．そのうち，サッカーの経験者は 8 人，テニスの経験者は 10 人，どちらも経験していない生徒は 32 人である．両方の経験者は何人か．

第 6 章のまとめ

1) 集合 X の要素一つずつに対し，集合 Y の要素が対応するとき，その対応関係を X から Y への [a)] といい，集合 X を [b)]，集合 Y を [c)] という．

2) 集合 X から集合 Y への [a)] を f とするとき，X の要素 x に対する Y の要素は [d)] と表す．これを x の [e)] という．

3) 集合 X から集合 Y への [a)] を f とする．$f(X)=Y$ が成立すると，写像 f は [f)] である．

4) $x_1 \neq x_2 \rightarrow f(x_1) \neq f(x_2)$ となるとき，写像 f は [g)] であるという．

5) [f)] でかつ [g)] のとき，[h)] という．

6) 写像 f と写像 g の [i)] は $g \circ f$ と表す．

7) 任意の x に対し $f(x)=x$ となる写像を [j)] という．

8) 写像 f が全単射のとき，f の [k)] が存在する．それは f^{-1} と表される．

練習問題 6

【1】 集合 X と写像 f を次のように定めたとき，X の像 $f(X)$ を求めよ．

1) $X = \{x \mid 2 \leqq x \leqq 5\}$, $f(x) = -2x+3$
2) $X = \{x \mid -3 \leqq x \leqq 4\}$, $f(x) = x^2-2x+4$

【2】 以下の写像が全単射かどうかを調べよ．ただし，実数の集合 R から R への写像とする．

1) $f(x) = 5x+5$ 　　2) $f(x) = x^2+4x$

【3】 写像 f, g を次のように定めるとき，合成写像 $g \circ f$ を求めよ．

1) $f(x) = x+2$, $g(x) = 2x-8$ 　　2) $f(x) = 4x-3$, $g(x) = x^2+2x$

【4】 集合 Y と写像 f を次のように定めるとき，$f^{-1}(Y)$ を求めよ．

1) $Y = \{y \mid -2 \leqq y \leqq 4\}$, $f(x) = -2x+2$
2) $Y = \{y \mid 0 \leqq y \leqq 27\}$, $f(x) = x^3$

【5】 C 大学の経済学部には 240 人の学生がいる．その学生の中で，ヨーロッパ旅行の経験者は 75 人，そのうちアメリカ旅行の経験者は 24 人である．一方，アメリカ旅行の経験者の総数は 114 人，そのうちオーストラリア旅行の経験者は 30 人である．また，オーストラリア旅行の経験者の総数が 60 人，ヨーロッパ，アメリカ，オーストラリアすべての経験者が 9 人，3 つとも経験のない学生が 51 人である．このとき，ヨーロッパとオーストラリア旅行のみの経験者は何人か．

【6】 $A=\{a, b, c\}$, $B=2^A$, $C=2^B$ とする．このとき，$|C|$ を求めよ．

第 7 章 数列（I）

> プログラムの中で，特に，繰り返し処理の中では，変数の内容が変化します．その変化の過程は数列や級数として表現することができます．そのため，プログラムの動作を理解するためには，数列や級数についての知識は不可欠です．
> そこで，この章では数列や級数について解説します．

7.1 数列と級数

1 数列

正の偶数を小さい順に並べると，

$$2, \ 4, \ 6, \ 8, \ 10, \ 12, \ \cdots$$

となる．このように，ある規則にしたがって数を並べたものを**数列**（sequence または progression），数列の中のそれぞれの数を**項**（term）という．

一般に，数列は，項の番号を添え字として

$$a_1, \ a_2, \ a_3, \ \cdots, \ a_n, \ \cdots$$

のように記述することができる．あるいはまた，$\{a_n\}$ と記述することもある．第 1 項 a_1 を**初項**，第 n 項 a_n を**一般項**という．上の例では，$a_n = 2n$ となる．このように，一般項 a_n は自然数 n の関数とみなすことができるが，$f(n)$ のような記述はしないのが普通である．

例題 7.1

次の数列の規則を見つけ出し，空欄を適当な数で埋めよ．

1) $1, \ 4, \ 7, \ \square, \ 13, \ 16, \ \cdots$
2) $1, \ 4, \ \square, \ 16, \ 25, \ 36, \ \cdots$

【解説】

1) では 3 ずつ増えている．2) では添え字の 2 乗となっている．

【解答】

1) $7+3 = 10$ 2) $3^2 = 9$

問 7.1 次の数列の規則を見つけ出し，空欄を適当な数で埋めよ．

1) $2, \ 6, \ 10, \ \square, \ 18, \ 22, \ \cdots$
2) $2, \ 4, \ 8, \ \square, \ 32, \ 64, \ \cdots$

例題 7.2

一般項 a_n を $2n+3$ とするとき，以下の項を求めよ．

1) a_8 　　　　　　2) a_{t-1}

【解説】

n に 8 や $t-1$ を代入して計算すればよい．

【解答】

1) $2 \times 8 + 3 = 19$ 　　　　2) $2(t-1)+3 = 2t+1$

問 7.2 一般項 a_n を n^2+2n とするとき，以下の項を求めよ．

1) a_6 　　　　　　2) a_{k+1}

2 級数

数列の和を**級数**（series）という．級数は，もとの数列の一般項と $\overset{\text{シグマ}}{\Sigma}$ という記号を用いて表現することができる．例えば，

$$a_1 + a_2 + \cdots + a_n$$

という和の場合は，$\sum_{k=1}^{n} a_k$ と表す．ここでは添え字として k を用いたが，別の文字を用いて $\sum_{i=1}^{n} a_i$ や $\sum_{j=1}^{n} a_j$ としてもよい．一般に，第 n 項から第 m 項までの和

$$a_n + a_{n+1} + \cdots + a_m$$

は $\sum_{k=n}^{m} a_k$ （ただし，$m \geq n$）と表す．

例題 7.3

一般項 a_n を $2n+3$ とするとき，以下の級数の値を求めよ．

1) $\sum_{k=1}^{3} a_k$ 　　　　　　2) $\sum_{k=2}^{4} a_k$

【解説】

1) は $a_1+a_2+a_3$ であり，2) は $a_2+a_3+a_4$ である．

【解答】

1) 与式 $= 5+7+9 = 21$ 　　　　2) 与式 $= 7+9+11 = 27$

問 7.3 一般項 a_n を n^2+2n とするとき，以下の級数の値を求めよ．

1) $\sum_{k=1}^{3} a_k$ 　　　　　　2) $\sum_{k=2}^{4} a_k$

以下によく利用される級数とその値を掲げておこう．これらの証明については後の例題を参照のこと．

$$\sum_{k=1}^{n} c = c+c+\cdots+c = cn \quad （ただし，c は k とは無関係の定数）$$

$$\sum_{k=1}^{n} k = 1+2+\cdots+n = \frac{1}{2}n(n+1)$$

$$\sum_{k=1}^{n} k^2 = 1^2+2^2+\cdots+n^2 = \frac{1}{6}n(n+1)(2n+1)$$

$$\sum_{k=1}^{n} k^3 = 1^3+2^3+\cdots+n^3 = \left\{\frac{1}{2}n(n+1)\right\}^2$$

【注】 $c=1$ とすると,$\sum_{k=1}^{n} 1 = 1+1+\cdots+1 = n$ が得られる.また,$\sum_{k=1}^{n}$ の計算において,n は k とは無関係の定数なので,例えば,$\sum_{k=1}^{n} n = n+n+\cdots+n = n^2$ となる.

また,級数同士の足し算については,以下が成立する.

$$\sum_{k=1}^{n}(pa_k+qb_k) = p\sum_{k=1}^{n}a_k + q\sum_{k=1}^{n}b_k$$

ここで,p や q は k とは無関係の定数である.

例題 7.4

$\sum_{k=1}^{n} k^2 = \frac{1}{6}n(n+1)(2n+1)$ となることを証明せよ.

【解説】
　一般に,$(k+1)^3-k^3 = 3k^2+3k+1$ が成立する.これを利用する.

【解答】
　k の値を 1 から n まで変化させた式を書くと次のようになる.

$$2^3-1^3 = 3\cdot1^2+3\cdot1+1$$
$$3^3-2^3 = 3\cdot2^2+3\cdot2+1$$
$$\cdots$$
$$(k+1)^3-k^3 = 3k^2+3k+1$$
$$\cdots$$
$$(n+1)^3-n^3 = 3n^2+3n+1$$

両辺を全部足し合わせると,左辺は $(n+1)^3-1^3$ となる.
一方,右辺は $3\sum_{k=1}^{n}k^2+3\sum_{k=1}^{n}k+\sum_{k=1}^{n}1$ である.すなわち,

$$n^3+3n^2+3n = 3\sum_{k=1}^{n}k^2+3\cdot\frac{1}{2}n(n+1)+n$$

よって,

$$\sum_{k=1}^{n}k^2 = \frac{1}{3}\left\{n^3+3n^2+3n-\frac{3}{2}n(n+1)-n\right\}$$

これを整理して,

$$\sum_{k=1}^{n}k^2 = \frac{1}{6}n(n+1)(2n+1)$$

をうる.

問 7.4 $\sum_{k=1}^{n} k = \frac{1}{2}n(n+1)$ を証明せよ.(ヒント:$(k+1)^2-k^2 = 2k+1$ を利用せよ.)

問 7.5 以下の級数を計算せよ．

1) $\sum_{k=1}^{n}(2k-1)$

2) $\sum_{k=1}^{n}(n-k)$ (ヒント：Σ 内の n は k とは無関係の定数である．)

7.2 等差数列と等比数列

数列の中で最も基本となるのが以下に述べる等差数列と等比数列である．

1 等差数列

次のような数列を考えてみよう．

$$2,\ 6,\ 10,\ 14,\ 18,\ \cdots$$

これは，初項 2 に順に 4 を加えた数列である．このように，初項に順に一定の数を加えて得られる数列を **等差数列**（arithmetic progression），その一定の数を **公差**（common difference）という．

初項が a，公差が d の等差数列は

$$a_1 = a,\ a_2 = a+d,\ a_3 = a+2d,\ a_4 = a+3d,\ \cdots$$

となるので，一般項 a_n は

$$a_n = a+(n-1)d$$

となることがわかる．

等差数列の公式

初項が a，公差が d の等差数列の一般項 a_n は

$$a_n = a+(n-1)d$$

例題 7.5

一般項 a_n が $4n+1$ である数列は等差数列であることを示せ．

【解説】

a_{n+1} と a_n の差（公差）が一定であることを示せばよい．

【解答】

$a_n = 4n+1$ より，$a_{n+1} = 4(n+1)+1 = 4n+5$ となるので，

$$a_{n+1}-a_n = (4n+5)-(4n+1) = 4$$

よって，等差数列である．

問 7.6 一般項 a_n が $3n-2$ である数列は等差数列であることを示せ．

一般に，一般項 a_n が n の 1 次式で表される数列は等差数列である．

例題 7.6

次の等差数列の一般項 a_n を求めよ．
$$5,\ 8,\ 11,\ 14,\ 17,\ \cdots$$

【解説】

初項 a と公差 d がわかれば，それらを一般項 a_n の公式に当てはめるだけである．

【解答】

初項 a は 5，公差 d は 3 であることがわかるので，一般項 a_n は
$$a_n = 5+(n-1)3 = 3n+2$$

問 7.7 次の等差数列の一般項 a_n を求めよ．
$$4,\ 1,\ -2,\ -5,\ \cdots$$

例題 7.7

第 3 項が 6，第 5 項が 14 である等差数列の一般項 a_n を求めよ．

【解説】

まず，与えられた条件から初項 a と公差 d に関する連立方程式を作り，a と d を求める．次に一般項 a_n を求める．

【解答】

初項を a，公差を d とすると，条件より，
$$\begin{cases} a+2d = 6 \\ a+4d = 14 \end{cases}$$
これを解いて，
$$\begin{cases} a = -2 \\ d = 4 \end{cases}$$
したがって，$a_n = -2+(n-1)4 = 4n-6$　すなわち，$a_n = 4n-6$

問 7.8 第 2 項が 5，第 7 項が -10 である等差数列の一般項 a_n を求めよ．

さて，初項が a，公差が d である等差数列 $\{a_n\}$ の級数（**等差級数**）を考えよう．初項から第 n 項までの和を S とすると，
$$S = \sum_{k=1}^{n} a_k = \frac{n\{2a+(n-1)d\}}{2}$$
が成立する．実際，
$$\begin{aligned} S &= a_1+a_2+a_3+\cdots+a_n \\ &= a+(a+d)+(a+2d)+\cdots+\{a+(n-1)d\} \quad \cdots \text{①} \end{aligned}$$
一方，各項を逆順にすると，

$$S = a_n + \cdots a_3 + a_2 + a_1$$
$$= \{a+(n-1)d\} + \cdots + (a+2d) + (a+d) + a \quad \cdots \text{②}$$

①と②の両辺を加えると，
$$2S = (a_1+a_n) + (a_2+a_{n-1}) + (a_3+a_{n-2}) + \cdots + (a_n+a_1)$$
$$= \{2a+(n-1)d\} + \{2a+(n-1)d\} + \cdots + \{2a+(n-1)d\}$$
$$= n\{2a+(n-1)d\}$$

よって，
$$S = \sum_{k=1}^{n} a_k = \frac{n\{2a+(n-1)d\}}{2}$$

例題 7.8

一般項 a_n が $5n-6$ である等差数列の初項から第 n 項までの和 S を求めよ．

【解説】

まず，与えられた条件から初項 a と公差 d を求める．その後，上記の公式に代入すればよい．

【解答】

$a = a_1 = -1$, $d = 5$ となるので，
$$S = \frac{n\{2(-1)+(n-1)5\}}{2} = \frac{n(5n-7)}{2}$$

問 7.9 一般項 a_n が $3n+3$ である等差数列の初項から第 n 項までの和 S を求めよ．

2 等比数列

次のような数列を考えてみよう．

$$1, \ 2, \ 4, \ 8, \ 16, \ \cdots$$

これは，初項 1 に順に 2 をかけて得られる数列である．このように，初項に順に一定の数をかけて得られる数列を**等比数列**（geometrical progression），その一定の数を**公比**（common ratio）という．

初項が a，公比が r の等比数列は
$$a_1 = a, \ a_2 = ar, \ a_3 = ar^2, \ a_4 = ar^3, \ \cdots$$
となるので，一般項 a_n は
$$a_n = ar^{n-1}$$
となることがわかる．

等比数列の公式

初項が a，公比が r の等比数列の一般項 a_n は
$$a_n = ar^{n-1}$$

例題 7.9

第2項が6, 第4項が54である等比数列（ただし, 公比 r は $r>0$ とする）の一般項 a_n を求めよ.

【解説】
　与えられた条件から初項と公比を求めれば一般項 a_n は前記の公式により求めることができる.

【解答】
　初項を a, 公比を r とすると, 条件より,
$$\begin{cases} ar = 6 & \cdots ① \\ ar^3 = 54 & \cdots ② \end{cases}$$
②を①で割ることにより,
$$r^2 = 9$$
$r>0$ だから, $r = 3$

これを①に代入して, $a = 2$

よって, $a_n = 2 \cdot 3^{n-1}$

問 7.10 第2項が12, 第4項が48である等比数列（ただし, 公比 r は $r>0$ とする）の一般項 a_n を求めよ.

さて, 次に, 等比数列の級数（**等比級数**）を考えよう. 初項 a から第 n 項 ar^{n-1} までの和を S とするとき,
$$\begin{cases} S = \sum_{k=1}^{n} ar^{k-1} = \dfrac{a(1-r^n)}{1-r} = \dfrac{a(r^n-1)}{r-1} & (r \neq 1 \text{のとき}) \\ S = na & (r=1 \text{のとき}) \end{cases}$$
が成立する.

$r = 1$ のときは明らかであるから, $r \neq 1$ のときを以下に証明する.

まず,
$$S = a+ar+ar^2+\cdots+ar^{n-1} \quad \cdots ①$$
である. この両辺に r をかけると,
$$rS = ar+ar^2+ar^3+\cdots+ar^n \quad \cdots ②$$
①から②を引いて,
$$S-rS = a-ar^n$$
$$(1-r)S = a(1-r^n)$$
よって,
$$S = \sum_{k=1}^{n} ar^{k-1} = \frac{a(1-r^n)}{1-r} = \frac{a(r^n-1)}{r-1}$$

が成立する．

例題 7.10

次の等比数列の初項から第 n 項までの和を求めよ．

1) $3, -6, 12, -24, 48, \cdots$
2) $1, (x+2), (x+2)^2, (x+2)^3, \cdots$

【解説】

1) は初項が 3 で公比が -2 の等比数列であり，2) は初項が 1 で公比が $(x+2)$ の等比数列である．

【解答】

1) $S = \dfrac{3\{1-(-2)^n\}}{1-(-2)} = 1-(-2)^n$

2) 公比 $(x+2)$ が 1 のときと 1 でないときに分けなければならない．

ⅰ) $(x+2) = 1$ のとき，すなわち $x = -1$ のとき
$$S = n \cdot 1 = n$$

ⅱ) $(x+2) \neq 1$ のとき，すなわち $x \neq -1$ のとき
$$S = \dfrac{(x+2)^n - 1}{(x+2) - 1} = \dfrac{(x+2)^n - 1}{x+1}$$

問 7.11 次の等比数列の初項から第 n 項までの和を求めよ．

1) $2, -4, 8, -16, 32, \cdots$
2) $3x, 9x^2, 27x^3, 81x^4, \cdots$

3 いろいろな数列

等差数列と等比数列を説明したが，これら以外にもいろいろな数列が存在する．もっとも，等差数列と等比数列が基本であることには変わりはない．

例題 7.11

次の数列の第 k 項を求めよ．

1) $1 \cdot 1, \ 3 \cdot 2, \ 5 \cdot 3, \ 7 \cdot 4, \ 9 \cdot 5, \ \cdots$
2) $1, \ 1+2, \ 1+2+3, \ 1+2+3+4, \ 1+2+3+4+5, \ \cdots$
3) $1 \cdot n, \ 2 \cdot (n-1), \ 3 \cdot (n-2), \ \cdots, \ (n-1) \cdot 2, \ n \cdot 1$

【解説】

1) における第 k 項は，最初の因子が奇数 $2k-1$，次の因子が k である．ここで，因子とは，積を構成する要素のことである．2) の第 k 項は $1+2+\cdots+k$ である．3) の場合，最初の因子が k，次の因子は $(n-k+1)$ である．

【解答】

1) 第 k 項 $= (2k-1)k = 2k^2 - k$

2) 第 k 項 $= \sum_{i=1}^{k} i = \dfrac{k(k+1)}{2} = \dfrac{1}{2}k^2 + \dfrac{1}{2}k$

3) 第 k 項 $= k(n-k+1) = (n+1)k - k^2$

問 7.12 次の数列の第 k 項を求めよ．

1) $1 \cdot 3,\ 2 \cdot 5,\ 3 \cdot 7,\ 4 \cdot 9,\ 5 \cdot 11,\ \cdots$

2) $1,\ 1+3,\ 1+3+5,\ 1+3+5+7,\ 1+3+5+7+9,\ \cdots$

3) $\dfrac{1}{1 \cdot 2},\ \dfrac{1}{2 \cdot 3},\ \dfrac{1}{3 \cdot 4},\ \cdots$

例題 7.12

次の数列の初項から第 n 項までの和 S を求めよ．

1) $1 \cdot 1,\ 3 \cdot 2,\ 5 \cdot 3,\ 7 \cdot 4,\ 9 \cdot 5,\ \cdots$

2) $1,\ 1+2,\ 1+2+3,\ 1+2+3+4,\ 1+2+3+4+5,\ \cdots$

3) $1 \cdot n,\ 2 \cdot (n-1),\ 3 \cdot (n-2),\ \cdots,\ (n-1) \cdot 2,\ n \cdot 1$

【解説】

各問の第 k 項は前の例題で解答しているので，それに基づき和を求めればよい．

【解説】

1) $\sum_{k=1}^{n}(2k^2-k) = 2\sum_{k=1}^{n}k^2 - \sum_{k=1}^{n}k = \dfrac{2n(n+1)(2n+1)}{6} - \dfrac{n(n+1)}{2}$

$= \dfrac{n(n+1)}{6}\{2(2n+1)-3\} = \dfrac{n(n+1)(4n-1)}{6}$

2) $\sum_{k=1}^{n}\left(\dfrac{1}{2}k^2 + \dfrac{1}{2}k\right) = \dfrac{1}{2}\sum_{k=1}^{n}k^2 + \dfrac{1}{2}\sum_{k=1}^{n}k = \dfrac{n(n+1)(2n+1)}{12} + \dfrac{n(n+1)}{4}$

$= \dfrac{n(n+1)}{12}\{(2n+1)+3\} = \dfrac{n(n+1)(n+2)}{6}$

3) $\sum_{k=1}^{n}\{(n+1)k - k^2\} = (n+1)\sum_{k=1}^{n}k - \sum_{k=1}^{n}k^2 = (n+1)\dfrac{n(n+1)}{2} - \dfrac{n(n+1)(2n+1)}{6}$

$= \dfrac{n(n+1)}{6}\{3(n+1)-(2n+1)\} = \dfrac{n(n+1)(n+2)}{6}$

問 7.13 次の数列の初項から第 n 項までの和を求めよ．（問 7.12 の結果を利用する．）

1) $1 \cdot 3,\ 2 \cdot 5,\ 3 \cdot 7,\ 4 \cdot 9,\ 5 \cdot 11,\ \cdots$

2) $1,\ 1+3,\ 1+3+5,\ 1+3+5+7,\ 1+3+5+7+9,\ \cdots$

3) $\dfrac{1}{1 \cdot 2},\ \dfrac{1}{2 \cdot 3},\ \dfrac{1}{3 \cdot 4},\ \cdots$ （ヒント：$\dfrac{1}{k(k+1)} = \dfrac{1}{k} - \dfrac{1}{k+1}$ を用いよ．）

4 階差数列

数列 $\{a_n\}$ に対し，隣り合う項の差
$$b_n = a_{n+1} - a_n$$
によって得られる数列 $\{b_n\}$ を，数列 $\{a_n\}$ の**階差数列** (progression of differences) という．この階差数列を用いると，数列 $\{a_n\}$ の一般項 a_n は
$$a_n = a_1 + \sum_{k=1}^{n-1} b_k \quad (n \geqq 2)$$
と表すことができる．

実際，階差数列の定義より，
$$b_1 = a_2 - a_1$$
$$b_2 = a_3 - a_2$$
$$b_3 = a_4 - a_3$$
$$\cdots$$
$$b_{n-1} = a_n - a_{n-1}$$
となる．各式の両辺を加えると，
$$\sum_{k=1}^{n-1} b_k = a_n - a_1$$
したがって，
$$a_n = a_1 + \sum_{k=1}^{n-1} b_k \quad (n \geqq 2)$$
が成立する．

例題 7.13

次の数列の一般項 a_n を求めよ．

1, 2, 5, 10, 17, $\cdots$

【解説】

　　階差数列を求めると，1, 3, 5, 7, $\cdots$　となる．

【解答】

階差数列を $\{b_n\}$ とすると，これは，初項が 1, 公差が 2 の等差数列である．よって，
$$b_n = 1 + (n-1) \cdot 2 = 2n - 1$$
したがって，$n \geqq 2$ のとき
$$a_n = a_1 + \sum_{k=1}^{n-1} b_k = 1 + \sum_{k=1}^{n-1}(2k-1) = 1 + 2\sum_{k=1}^{n-1} k - \sum_{k=1}^{n-1} 1$$
$$= 1 + 2\frac{(n-1)n}{2} - (n-1) = n^2 - 2n + 2$$
この式で $n = 1$ のとき 1 となり，a_1 と一致する．

よって，$a_n = n^2 - 2n + 2$

問 7.14 次の数列の一般項 a_n を求めよ.

$$2,\ 5,\ 6,\ 5,\ 2,\ -3,\ \cdots$$

第 7 章のまとめ

1) ある規則にしたがって数を並べたものを a) という.

2) a) の和を b) といい, Σ を用いて表す.

3) 初項に次々と一定の数を加えて得られる a) を c) という. また, そのときの一定の数を d) という.

4) 初項に次々と一定の数をかけて得られる a) を e) という. また, そのときの一定の数を f) という.

5) 数列 $\{a_n\}$ に対し, 隣り合う数の差 $b_n = a_{n+1} - a_n$ によって得られる数列 $\{b_n\}$ を, 数列 $\{a_n\}$ の g) という.

練習問題 7

【1】 以下を証明せよ.
$$\sum_{k=1}^{n} k^3 = 1^3 + 2^3 + \cdots + n^3 = \left\{\frac{1}{2}n(n+1)\right\}^2$$
(ヒント：$(k+1)^4 - k^4$ の展開式を利用せよ.)

【2】 等差数列になる3数の和が12, 積が48であるとき, この3数を求めよ.

【3】 初項が50, 公差が-4の等差数列の初項から第n項までの和をS_nとする. S_nが最大となるときのnを求めよ. また, そのときのS_nを求めよ.

【4】 数列$\{a_n\}$の初項から第n項までの和をS_nとする. $S_n = 3n^2 - 6n$のとき, この数列$\{a_n\}$は等差数列であることを示し, 初項と公差を求めよ.

【5】 等比数列になる3数の和が21, 積が216であるとき, この3数を求めよ.

【6】 $\displaystyle\sum_{k=1}^{n} \frac{1}{k(k+1)(k+2)}$ の値を求めよ.

(ヒント：$\dfrac{1}{k(k+1)(k+2)} = \dfrac{1}{2}\left\{\dfrac{1}{k(k+1)} - \dfrac{1}{(k+1)(k+2)}\right\}$ を用いよ.)

【7】 以下の数列の一般項a_nを次の順序で求めよ. ただし, 数列$\{a_n\}$の階差数列を$\{b_n\}$, 数列$\{b_n\}$の階差数列を$\{c_n\}$とする.

$$3, \ 5, \ 8, \ 13, \ 21, \ 33, \ 50, \ \cdots$$

1) c_nを求めよ.　　2) b_nを求めよ.　　3) a_nを求めよ.

【8】 次のような数列$\{a_n\}$を考える.

$$1, \ 2, \ 2, \ 3, \ 3, \ 3, \ 4, \ 4, \ 4, \ 4, \ \cdots$$

このとき, 自然数nに対し, $a_k = n$となるkの範囲を求めよ.

(ヒント：例えば, $n = 4$の場合, kの範囲は$7 \leqq k \leqq 10$となる)

第8章 数列（II）

> プログラムを作成する際，関数を再帰的に定義することがあります．再帰的に定義するとは，その関数自身を使って定義することをいいます．このように作成された関数の動作も，数列によって表現できます．特に，関数の再帰的定義は数列の再帰的定義（帰納的定義）と対応させるとわかりやすくなります．
>
> また，方程式の数値的解法や数値的積分計算などでは，繰り返し処理の中で，ある変数の値を一定値に近づけていきます．これは，数列でいえば極限を求めることに相当します．すなわち，ある種の繰り返し処理を理解するには，数列の極限についての知識が不可欠なのです．
>
> そこで，この章では数列の帰納的定義と極限について解説します．

8.1 数列と漸化式

1 数列の帰納的定義

一般項 a_n が与えられれば数列 $\{a_n\}$ は決まる．しかし，一般項が与えられていない場合でも数列 $\{a_n\}$ が決まることもある．

例えば，

$$\begin{cases} a_1 = 3 & \cdots \text{①} \\ a_{n+1} = 2a_n + 2 \quad (n \geq 1) & \cdots \text{②} \end{cases}$$

という関係が成立しているとき，数列 $\{a_n\}$ は決まる．実際，

$$a_1 = 3$$
$$a_2 = 2a_1 + 2 = 2 \cdot 3 + 2 = 8 \qquad (\text{②で} n \text{に} 1 \text{を代入})$$
$$a_3 = 2a_2 + 2 = 2 \cdot 8 + 2 = 18 \qquad (\text{②で} n \text{に} 2 \text{を代入})$$
$$\cdots$$

のように，数列 $\{a_n\}$ の各項は次々と決まっていく．すなわち，数列 $\{a_n\}$ は①と②によって定義される．

このように，①と②のような関係式で数列を定義することを数列の**帰納的定義**（recursive definition）という．また，②のような関係式を**漸化式**（recursive formula）という．

例題 8.1

次のように帰納的に定義された数列 $\{a_n\}$ の最初の 5 項を求めよ．

1) $a_1 = 1$, $a_{n+1} = 2a_n^2 - n \ (n \geq 1)$ 2) $a_1 = 1$, $a_2 = 1$, $a_{n+1} = a_n + a_{n-1} \ (n \geq 2)$

【解答】

1) $a_1 = 1$
$a_2 = 2a_1^2 - 1 = 2 \cdot 1^2 - 1 = 1$
$a_3 = 2a_2^2 - 2 = 2 \cdot 1^2 - 2 = 0$
$a_4 = 2a_3^2 - 3 = 2 \cdot 0^2 - 3 = -3$
$a_5 = 2a_4^2 - 4 = 2 \cdot (-3)^2 - 4 = 14$

2) $a_1 = 1$
$a_2 = 1$
$a_3 = a_2 + a_1 = 1 + 1 = 2$
$a_4 = a_3 + a_2 = 2 + 1 = 3$
$a_5 = a_4 + a_3 = 3 + 2 = 5$

【注】 例題 8.1 の 2) で定義される数列 1, 1, 2, 3, 5, 8, 13, 21, … を，**フィボナッチ数列**という．

問 8.1 次のように帰納的に定義された数列 $\{a_n\}$ の最初の 5 項を求めよ．

1) $a_1 = 3,\ a_{n+1} = 2a_n + n\ (n \geq 1)$

2) $a_1 = 1,\ a_2 = 2,\ a_{n+1} = a_n + 2a_{n-1}\ (n \geq 2)$

8.2 漸化式と一般項

1 等差数列と等比数列の漸化式

第 7 章で述べた等差数列や等比数列も帰納的に定義することができる．

例えば，初項 a，公差 d の等差数列の場合，

$$\begin{cases} a_1 = a \\ a_{n+1} = a_n + d\ (n \geq 1) \end{cases}$$

と定義することができる．逆に，この形式で定義された数列は等差数列である．

また，初項 a，公比 r の等比数列の場合，

$$\begin{cases} a_1 = a \\ a_{n+1} = ra_n\ (n \geq 1) \end{cases}$$

と定義することができる．逆に，この形式で定義された数列は等比数列である．

例題 8.2

次のように帰納的に定義された数列 $\{a_n\}$ の一般項 a_n を求めよ．

1) $a_1 = 5,\ a_{n+1} = a_n + 3\ (n \geq 1)$ 　　　 2) $a_1 = 2,\ a_{n+1} = 3a_n\ (n \geq 1)$

【解説】

1) は $a = 5,\ d = 3$ の等差数列であり，2) は $a = 2,\ r = 3$ の等比数列である．

【解答】

1) $a_n = 5 + 3(n-1) = 3n + 2$ 　　 2) $a_n = 2 \cdot 3^{n-1}$

問 8.2 次のように帰納的に定義された数列 $\{a_n\}$ の一般項 a_n を求めよ．

1) $a_1 = 1,\ a_{n+1} = a_n - 4\ (n \geq 1)$ 　　　 2) $a_1 = 1,\ a_{n+1} = 4a_n\ (n \geq 1)$

2 $a_{n+1} = a_n + f(n)$ という形式の漸化式

$a_{n+1} = a_n + f(n)$ という形式の漸化式で定義されている数列の一般項は,以下のようにして求めることができる.

階差数列を $\{b_n\}$ とすると,
$$b_n = a_{n+1} - a_n = f(n)$$
となるので,$f(n)$ は階差数列の一般項である.したがって,
$$a_n = a_1 + \sum_{k=1}^{n-1} b_k = a_1 + \sum_{k=1}^{n-1} f(k)$$
により a_n を求めることができる.

例題 8.3

$a_1 = 2$,$a_{n+1} = a_n + 2n + 1$ ($n \geqq 1$) で定義される数列 $\{a_n\}$ の一般項を求めよ.

【解説】
$$f(n) = 2n + 1 \text{ である}.$$

【解答】
$$a_n = a_1 + \sum_{k=1}^{n-1} f(k) = 2 + \sum_{k=1}^{n-1}(2k+1) = 2 + 2\sum_{k=1}^{n-1} k + \sum_{k=1}^{n-1} 1 = 2 + 2\frac{(n-1)n}{2} + (n-1)$$
$$= n^2 + 1$$

問 8.3 $a_1 = 1$,$a_{n+1} = a_n + 3n - 1$ ($n \geqq 1$) で定義される数列 $\{a_n\}$ の一般項を求めよ.

3 $a_{n+1} = pa_n + q$ という形式の漸化式

$a_{n+1} = pa_n + q$ という形式の漸化式で定義されている数列の一般項は,以下のようにして求めることができる.ただし,p, q は定数で,$p \neq 1$,$q \neq 0$ とする ($p = 1$ のときは等差数列,$q = 0$ のときは等比数列である).

〈方法1〉

まず,もとの漸化式と同じ形をした方程式
$$x = px + q$$
を解く.その解を α とすると,$\alpha = p\alpha + q$ であるから,
$$a_{n+1} - \alpha = (pa_n + q) - \alpha = (pa_n + q) - (p\alpha + q) = p(a_n - \alpha)$$
となる.すなわち,もとの漸化式は
$$a_{n+1} - \alpha = p(a_n - \alpha)$$
と変形できる.なお,$\alpha = \dfrac{q}{1-p}$ である.

次に,$t_n = a_n - \alpha$ とおくと,$t_{n+1} = a_{n+1} - \alpha$ より $t_{n+1} = pt_n$ となる.また,$t_1 = a_1 - \alpha$ である.したがって,t_n は公比が p の等比数列である.すなわち,
$$t_n = t_1 p^{n-1}$$

よって，
$$a_n = t_n + \alpha = (a_1 - \alpha)p^{n-1} + \alpha$$
となる．

例題 8.4

$a_1 = 1$, $a_{n+1} = 3a_n + 2$ $(n \geqq 1)$ で定義される数列 $\{a_n\}$ の一般項を＜方法1＞により求めよ．

【解説】

方程式は $x = 3x + 2$ であり，その解は $x = -1$ すなわち $\alpha = -1$ である．
また $p = 3$ である．

【解答】
$$a_n = (a_1 - (-1))\cdot 3^{n-1} + (-1) = (1+1)\cdot 3^{n-1} - 1 = 2\cdot 3^{n-1} - 1$$

問 8.4 $a_1 = 3$, $a_{n+1} = 4a_n - 2$ $(n \geqq 1)$ で定義される数列 $\{a_n\}$ の一般項を求めよ．

＜方法2＞

まず，もとの漸化式 $a_{n+1} = pa_n + q$ で，n のかわりに $n-1$ とおく．
$$a_n = pa_{n-1} + q \quad \cdots \quad ①$$
次に，もとの漸化式から①を引いて，q を消去する．
$$a_{n+1} - a_n = p(a_n - a_{n-1})$$
ここで，$b_n = a_{n+1} - a_n$ とおくと，階差数列 $\{b_n\}$ の漸化式 $b_n = pb_{n-1}$ が得られる．また，$b_1 = a_2 - a_1$ である．したがって，階差数列 $\{b_n\}$ は公比を p とする等比数列である．それを求めたのち，
$$a_n = a_1 + \sum_{k=1}^{n-1} b_k$$
により a_n を求める．

例題 8.5

$a_1 = 1$, $a_{n+1} = 3a_n + 2$ $(n \geqq 1)$ で定義される数列 $\{a_n\}$ の一般項を＜方法2＞により求めよ．

【解答】
$$a_{n+1} - a_n = 3(a_n - a_{n-1})$$
となるので，$b_n = a_{n+1} - a_n$ とおくと，階差数列 $\{b_n\}$ は公比を3とする等比数列である．
ここで，$a_2 = 3a_1 + 2 = 5$ であるから，
$$b_1 = a_2 - a_1 = 5 - 1 = 4$$
より，
$$b_n = 4\cdot 3^{n-1}$$

したがって，
$$a_n = a_1 + \sum_{k=1}^{n-1} b_k = 1 + 4\sum_{k=1}^{n-1} 3^{k-1} = 1 + 4 \cdot \frac{3^{n-1}-1}{3-1}$$
$$= 1 + 2 \cdot 3^{n-1} - 2 = 2 \cdot 3^{n-1} - 1$$

問 8.5 $a_1 = 3$，$a_{n+1} = 4a_n - 2$ $(n \geq 1)$ で定義される数列 $\{a_n\}$ の一般項を＜方法2＞により求めよ．

＜方法2＞は，$a_{n+1} = pa_n + f(n)$ といった形式の漸化式にも応用できる方法であるが，この形式の漸化式については本書では省略する．

8.3 数列と数学的帰納法

1 数学的帰納法の復習

数学的帰納法については第4章で説明したが，ここで一度振り返っておこう．

数学的帰納法は，すべての自然数 n に対して成立する命題 $\forall n \mathrm{P}(n)$ を証明する場合の証明法であり，具体的には次の手順に従う．

1) $n = 1$ の場合にその命題が成立すること，すなわち $\mathrm{P}(1)$ を示す．
2) $n = k$ の場合にその命題が成立すること，すなわち $\mathrm{P}(k)$ を仮定し，$n = k+1$ の場合にも成立すること，すなわち $\mathrm{P}(k+1)$ となることを示す．

2 級数と数学的帰納法

第7章で基本的な級数について説明した．これらをもう一度掲げておこう．

$$\sum_{k=1}^{n} c = c + c + \cdots + c = cn \quad (\text{ただし，c は k とは無関係の定数})$$

$$\sum_{k=1}^{n} k = 1 + 2 + \cdots + n = \frac{1}{2}n(n+1)$$

$$\sum_{k=1}^{n} k^2 = 1^2 + 2^2 + \cdots + n^2 = \frac{1}{6}n(n+1)(2n+1)$$

$$\sum_{k=1}^{n} k^3 = 1^3 + 2^3 + \cdots + n^3 = \left\{\frac{1}{2}n(n+1)\right\}^2$$

これらは，数学的帰納法を用いて証明することもできる．

例題 8.6

$\displaystyle\sum_{k=1}^{n} k^2 = \frac{1}{6}n(n+1)(2n+1)$ となることを数学的帰納法により証明せよ．

【解説】

$P(n)$ が $\sum_{k=1}^{n} k^2 = \frac{1}{6}n(n+1)(2n+1)$ である．$P(1)$ と，$P(j)$ を仮定して $P(j+1)$ を示す．

【解答】

ⅰ) $n=1$ のとき

$$\text{左辺} = \sum_{k=1}^{n} k^2 = 1^2 = 1$$

$$\text{右辺} = \frac{1}{6}\cdot 1 \cdot (1+1)(2\cdot 1+1) = \frac{1}{6}\cdot 1 \cdot 2 \cdot 3 = 1$$

よって，成立する．

ⅱ) $n=j$ のとき成立すると仮定する．

すなわち，$\sum_{k=1}^{j} k^2 = \frac{1}{6}j(j+1)(2j+1)$.

このとき，

$$\sum_{k=1}^{j+1} k^2 = \sum_{k=1}^{j} k^2 + (j+1)^2 = \frac{1}{6}j(j+1)(2j+1) + (j+1)^2 = \frac{1}{6}(j+1)\{j(2j+1)+6(j+1)\}$$

$$= \frac{1}{6}(j+1)(2j^2+7j+6) = \frac{1}{6}(j+1)(j+2)(2j+3)$$

よって，$n=j+1$ のときも成立する．

ⅰ)，ⅱ) より，すべての自然数 n に対し，

$$\sum_{k=1}^{n} k^2 = \frac{1}{6}n(n+1)(2n+1)$$

が成立する．

問 8.6 $\sum_{k=1}^{n} k = \frac{1}{2}n(n+1)$ を数学的帰納法により証明せよ．

3 漸化式と数学的帰納法

数列の漸化式と数学的帰納法とは親和性が高い．実際，漸化式が与えられた数列では，数学的帰納法を用いることによって簡単に一般項を求めることができる場合がある．

例題 8.7

$a_1 = \frac{1}{2}$, $a_{n+1} = \frac{1}{2-a_n}$ $(n \geq 1)$ で定義される数列 $\{a_n\}$ について，以下の問に答えよ．

1) 最初の4項を求めよ． 2) 一般項 a_n を推定せよ．

3) 数学的帰納法により，その推定が正しいことを証明せよ．

【解答】

1) a_1 は与えられているので，$a_2 \sim a_4$ を求める．

$$a_2 = \frac{1}{2-a_1} = \frac{1}{2-\frac{1}{2}} = \frac{2}{3}, \qquad a_3 = \frac{1}{2-a_2} = \frac{1}{2-\frac{2}{3}} = \frac{3}{4}$$

$$a_4 = \frac{1}{2-a_3} = \frac{1}{2-\frac{3}{4}} = \frac{4}{5}$$

2) $a_n = \dfrac{n}{n+1}$

3) ⅰ) $n=1$ の場合

$a_1 = \dfrac{1}{1+1} = \dfrac{1}{2}$ であり，定義と一致する．

よって，$n=1$ のときは成り立つ．

ⅱ) $n=k$ のとき，$a_k = \dfrac{k}{k+1}$ が成立すると仮定する．そのとき，

$$a_{k+1} = \frac{1}{2-a_k} = \frac{1}{2-\frac{k}{k+1}} = \frac{k+1}{2(k+1)-k} = \frac{k+1}{k+2}$$

よって，$n=k+1$ のときも成り立つ．

したがって，ⅰ)，ⅱ) より，すべての自然数 n について

$$a_n = \frac{n}{n+1}$$

は成り立つ．

問 8.7 $a_1 = \dfrac{1}{4}$, $a_{n+1} = \dfrac{1}{2-a_n}$ $(n \geqq 1)$ で定義される数列 $\{a_n\}$ について，以下の問に答えよ．

1) 最初の4項を求めよ．　　　2) 一般項 a_n を推定せよ．
3) 数学的帰納法により，その推定が正しいことを証明せよ．

例題 8.8

$a_1 = 2$, $a_{n+1} = \dfrac{2a_n}{1+a_n}$ $(n \geqq 1)$ で定義される数列 $\{a_n\}$ では，すべての自然数 n について，$a_n > 1$ が成立することを示せ．

【解答】

ⅰ) $n=1$ の場合

定義より $a_1 = 2 > 1$ であり，よって $n=1$ のときは成り立つ．

ⅱ) $n=k$ のとき，$a_k > 1$ が成立すると仮定する（すなわち，$a_k - 1 > 0$）．

そのとき，

$$a_{k+1} - 1 = \frac{2a_k}{1+a_k} - 1 = \frac{2a_k - (1+a_k)}{1+a_k} = \frac{a_k - 1}{1+a_k} > 0$$

よって，$n=k+1$ のときも成り立つ．

したがって，ⅰ)，ⅱ) より，すべての自然数 n について，$a_n > 1$ は成り立つ．

問 8.8 $a_1 = \dfrac{1}{2}$, $a_{n+1} = \dfrac{2a_n}{1+a_n}$ $(n \geqq 1)$ で定義される数列 $\{a_n\}$ では，すべての自然数 n について，$a_n < 1$ が成立することを示せ．

8.4 数列の極限

1 極限の定義

数列 $\left\{\dfrac{1}{n}\right\}$ においては，n がどんどん大きくなると，$\dfrac{1}{n}$ は 0 に近づいていく．このように，ある数列 $\{a_n\}$ においては，n が限りなく大きくなるときに，a_n が一定の値 α に近づくことがある．このようなとき，数列 $\{a_n\}$ は α に**収束する**（converge）といい，

$$\lim_{n\to\infty} a_n = \alpha$$

または

$$n \to \infty \quad \text{のとき，} \ a_n \to \alpha$$

と書く（なお，記号 ∞ は**無限大**と読む）．また，α をこの数列の**極限値**（limit value）または**極限**という．例えば，$\displaystyle\lim_{n\to\infty}\dfrac{1}{n}=0$ であり，数列 $\left\{\dfrac{1}{n}\right\}$ の極限値は 0 である．

収束しない数列は**発散する**（diverge）という．発散には以下の 3 種類がある．

① 正の無限大に発散（$\displaystyle\lim_{n\to\infty} a_n = \infty$ と書く）

② 負の無限大に発散（$\displaystyle\lim_{n\to\infty} a_n = -\infty$ と書く）

③ 振動（①でも②でもない発散）

例えば，$p>0$ とすると，以下が成立する．

$$\lim_{n\to\infty} n^p = \infty, \qquad \lim_{n\to\infty}\dfrac{1}{n^p} = 0$$

2 極限の公式

極限に関しては，次のような命題が成立する．これらの証明は本書の範囲を越えているので省略する．

基本的な演算

$\displaystyle\lim_{n\to\infty} a_n = \alpha, \ \lim_{n\to\infty} b_n = \beta$ のとき

1) $\displaystyle\lim_{n\to\infty} a_n = \alpha \quad \leftrightarrow \quad \lim_{n\to\infty} |a_n - \alpha| = 0$

2) $\displaystyle\lim_{n\to\infty} k a_n = k\alpha$

3) $\displaystyle\lim_{n\to\infty} (a_n + b_n) = \alpha + \beta$

4) $\displaystyle\lim_{n\to\infty} a_n b_n = \alpha\beta$

5) $\displaystyle\lim_{n\to\infty} \dfrac{a_n}{b_n} = \dfrac{\alpha}{\beta} \quad (\beta \neq 0)$

6) $a_n \leqq b_n \ (n\geqq 1)$ ならば $\alpha \leqq \beta$

また，次の定理も成立する．

はさみうちの定理

$a_n \leqq b_n \leqq c_n \ (n\geqq 1)$ で，かつ $\displaystyle\lim_{n\to\infty} a_n = \alpha, \ \lim_{n\to\infty} c_n = \alpha$ ならば

数列 $\{b_n\}$ も収束して，$\displaystyle\lim_{n\to\infty} b_n = \alpha$

さらに，よく用いられる等比数列の極限を以下に示しておく．

$$r > 1 \text{ のとき } \lim_{n \to \infty} r^n = \infty$$
$$r = 1 \text{ のとき } \lim_{n \to \infty} r^n = 1$$
$$|r| < 1 \text{ のとき } \lim_{n \to \infty} r^n = 0$$

例題 8.9

次の極限を求めよ．

1) $\displaystyle \lim_{n \to \infty} \frac{2n^2 - 5}{3n^2 + 4n}$ 2) $\displaystyle \lim_{n \to \infty} (\sqrt{n^2 + n - 2} - n)$ 3) $\displaystyle \lim_{n \to \infty} \frac{3^n + 2^n}{4^n + 1}$

【解説】 1) は $\frac{\infty}{\infty}$ の形式なので，分母・分子を次数が最大である n^2 で割ればよい．2) は無理数を用いた $\infty - \infty$ の形式なので，分母が 1 の分数と考え分子を有理化する．3) も $\frac{\infty}{\infty}$ の形式であり，分母・分子を最大項 4^n で割る．

【解答】

1) $\displaystyle \lim_{n \to \infty} \frac{2n^2 - 5}{3n^2 + 4n} = \lim_{n \to \infty} \frac{2 - \frac{5}{n^2}}{3 + \frac{4}{n}} = \frac{2}{3}$

2) $\displaystyle \lim_{n \to \infty} (\sqrt{n^2 + n - 2} - n) = \lim_{n \to \infty} \frac{(n^2 + n - 2) - n^2}{\sqrt{n^2 + n - 2} + n} = \lim_{n \to \infty} \frac{n - 2}{\sqrt{n^2 + n - 2} + n}$

$\displaystyle = \lim_{n \to \infty} \frac{1 - \frac{2}{n}}{\sqrt{1 + \frac{1}{n} - \frac{2}{n^2}} + 1} = \frac{1}{1 + 1} = \frac{1}{2}$

3) $\displaystyle \lim_{n \to \infty} \frac{3^n + 2^n}{4^n + 1} = \lim_{n \to \infty} \frac{\left(\frac{3}{4}\right)^n + \left(\frac{2}{4}\right)^n}{1 + \left(\frac{1}{4}\right)^n} = \frac{0 + 0}{1 + 0} = 0$

問 8.9 次の極限を求めよ．

1) $\displaystyle \lim_{n \to \infty} \frac{3n^2 + 2n + 1}{4n^2 - 5n + 2}$ 2) $\displaystyle \lim_{n \to \infty} (\sqrt{4n^2 + n - 2} - 2\sqrt{n^2 - 3n})$ 3) $\displaystyle \lim_{n \to \infty} \frac{2^n + 2 \cdot 5^n}{5^n + 3}$

3 漸化式と極限

漸化式によって定義された数列の場合，一般項を求めることができれば，その極限は上記の方法で求めることができる．以下に例を示そう．

例題 8.10

$a_1 = 1, \ a_{n+1} = \dfrac{1}{2} a_n + 3 \quad (n \geq 1)$ で定義される数列 $\{a_n\}$ の極限を求めよ．

【解説】

x の方程式 $x = \frac{1}{2}x+3$ の解 α は $\alpha = 6$ なので，漸化式は $a_{n+1}-6 = \frac{1}{2}(a_n-6)$ と変形することができる．

【解答】

$$a_n-6 = (a_1-6)\left(\frac{1}{2}\right)^{n-1} = (-5)\left(\frac{1}{2}\right)^{n-1}$$

より $a_n = (-5)\left(\frac{1}{2}\right)^{n-1}+6$

よって，

$$\lim_{n\to\infty} a_n = \lim_{n\to\infty}\left\{(-5)\left(\frac{1}{2}\right)^{n-1}+6\right\} = 6$$

問 8.10 $a_1 = 2$, $a_{n+1} = \frac{1}{3}a_n+2$ $(n\geqq 1)$ で定義される数列 $\{a_n\}$ の極限を求めよ．

もっとも，漸化式から一般項を求めることが困難なときもある．そのような場合でも工夫次第で極限を求めることができる．

例題 8.11

$a_1 = 5$, $a_{n+1} = \sqrt{2a_n+3}$ $(n\geqq 1)$ で定義される数列 $\{a_n\}$ について，以下の問に答えよ．

1) $|a_{n+1}-3| \leqq \frac{2}{3}|a_n-3|$ となることを示せ．

2) $\lim_{n\to\infty} a_n$ を求めよ．

【解説】

漸化式を用いて，$|a_{n+1}-3|$ を計算してみよう．無理数なので，分母が 1 の分数と考え分子を有理化する．

【解答】

1) $|a_{n+1}-3| = |\sqrt{2a_n+3}-3| = \left|\dfrac{(2a_n+3)-3^2}{\sqrt{2a_n+3}+3}\right| = \dfrac{2|a_n-3|}{\sqrt{2a_n+3}+3}$

ここで，$\sqrt{2a_n+3}+3 \geqq 3$ を用いると，

$$|a_{n+1}-3| = \frac{2|a_n-3|}{\sqrt{2a_n+3}+3} \leqq \frac{2}{3}|a_n-3|$$

2) 1) より

$$|a_n-3| \leqq \frac{2}{3}|a_{n-1}-3| \leqq \left(\frac{2}{3}\right)^2|a_{n-2}-3| \leqq \cdots$$

$$\leqq \left(\frac{2}{3}\right)^{n-1}|a_1-3| = 2\left(\frac{2}{3}\right)^{n-1}$$

すなわち，

$$0 \leqq |a_n-3| \leqq 2\left(\frac{2}{3}\right)^{n-1}$$

ここで，$\lim_{n\to\infty}\left(\dfrac{2}{3}\right)^n = 0$ なので，はさみうちの定理より，
$$\lim_{n\to\infty}|a_n - 3| = 0$$
したがって，$\lim_{n\to\infty} a_n = 3$

【注】 $|a_{n+1}-3|$ における 3，すなわちこの数列の極限値の 3 は，実は，漸化式から得られる方程式
$$x = \sqrt{2x+3}$$
の解である．

問 8.11 $a_1 = 5, a_{n+1} = \sqrt{2a_n + 8}$ $(n \geq 1)$ で定義される数列 $\{a_n\}$ について，以下の問に答えよ．

1) $|a_{n+1} - 4| \leq \dfrac{1}{2}|a_n - 4|$ となることを示せ（4 は $x = \sqrt{2x+8}$ の解である）．

2) $\lim_{n\to\infty} a_n$ を求めよ．

第 8 章のまとめ

1) $a_{n+1} = 2a_n + 2$ のような式を [a)] という．
2) [a)] を用いた定義を [b)] という．
3) n を限りなく大きくしたとき a_n が一定の値 α に近づくならば，数列 $\{a_n\}$ は α に [c)] する．また，そのときの一定の値 α を [d)] という．
4) [c)] しない数列は [e)] するという．
5) $a_n \leq b_n \leq c_n$ で，かつ，$\lim_{n\to\infty} a_n = 4, \lim_{n\to\infty} c_n = 4$ ならば，$\lim_{n\to\infty} b_n = $ [f)] である．これを [g)] の定理という．

練習問題 8

【1】 $a_1 = 2,\ a_{n+1} = 3a_n + 5^n$ $(n \geq 1)$ で定義される数列 $\{a_n\}$ について，以下の問に答えよ．

1) $t_n = \dfrac{a_n}{5^n}$ とおき，数列 $\{t_n\}$ についての漸化式を求めよ．

2) 数列 $\{t_n\}$ の一般項を求めよ．

3) 数列 $\{a_n\}$ の一般項を求めよ．

【2】 数列 $\{a_n\}$ の初項から第 n 項までの和 S_n について，$S_{n+1} = 2S_n + 3n$ $(n \geq 1)$ が成立しているとき，以下の問に答えよ．ただし，$a_1 = 0$ とする．

1) 数列 $\{a_n\}$ の漸化式を求めよ．
2) 数列 $\{a_n\}$ の一般項を求めよ．
3) S_n を n の式で表せ．

【3】 $a_1 = 1,\ a_2 = 2,\ a_{n+2} = \dfrac{1}{4}a_{n+1} + \dfrac{3}{4}a_n\ (n \geqq 1)$　で定義される数列 $\{a_n\}$ について，以下の問に答えよ．
1) 階差数列 $\{b_n\}$ についての漸化式を求めよ．
2) 数列 $\{b_n\}$ の一般項を求めよ．
3) 数列 $\{a_n\}$ の一般項を求めよ．

【4】 n を自然数とするとき，次の式を数学的帰納法により証明せよ．
$$1+3+5+\cdots+(2n-1) = n^2$$

【5】 次の極限値を求めよ．
1) $\displaystyle\lim_{n\to\infty}\dfrac{a_n}{n^3}$　ただし，$a_1 = 1,\ a_n = a_{n-1} + n^2\ (n \geqq 2)$
2) $\displaystyle\lim_{n\to\infty}\dfrac{a_n}{n^4}$　ただし，$a_1 = 1,\ a_n = a_{n-1} + n^3\ (n \geqq 2)$

【6】 $a_1 = 1,\ a_{n+1} = \dfrac{a_n}{4a_n + 3}\ (n \geqq 1)$　で定義される数列 $\{a_n\}$ について，以下の問に答えよ．
1) $t_n = \dfrac{1}{a_n}$ とするとき，数列 $\{t_n\}$ についての漸化式を求めよ．
2) 数列 $\{t_n\}$ の一般項を求めよ．
3) 数列 $\{a_n\}$ の一般項を求めよ．
4) $\displaystyle\lim_{n\to\infty} a_n$ を求めよ．

第9章　流れ図とアルゴリズム

> コンピュータに何らかの処理をさせるためには，その処理手順（計算手順）を明確にしなければなりません．この処理手順（計算手順）のことをアルゴリズムといいます．アルゴリズムを表現する方法はいろいろありますが，その中で最も基本的なのが流れ図です．そこで本書では流れ図を使ってアルゴリズムを表現します．ただし，流れ図そのものを理解することは難しくありませんが，その中で表現されたアルゴリズムを理解することは簡単ではありません．特に，アルゴリズムを理解するには，数列の概念は欠かせません．数列について理解してからこの章に進んでください．

9.1 流れ図の記法

1 流れ図で用いる図形

コンピュータに何らかの処理をさせるためには，「処理（計算）の手順」を与える必要がある．この「処理（計算）の手順」のことを**アルゴリズム**（algorithm）という．アルゴリズムを表現するには何種類かの方法があるが，その中で最も基本となるのが**流れ図**（flow chart）である．

図 9.1 に流れ図の例を示す．これは，

　　「TEIHEN（底辺）と TAKASA（高さ）を入力し，三角形の面積を MENSEKI に求め，
　　出力する．」

という処理を表している．また，**表 9.1** に流れ図で用いる主な図形とその意味を示す．

表 9.1 から明らかなように，処理は START で始まり，END で終了する．その間に記述された処理（計算）は，原則として上から順に実行する．

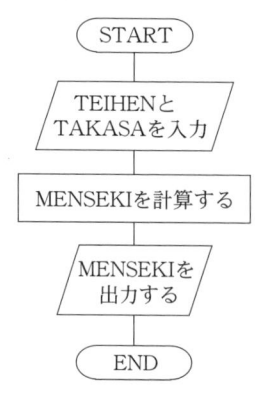

図 9.1 流れ図の例

表 9.1 流れ図で用いる主な図形

図形	意味
	開始記号(START)や終了記号(END)などを表す
	入力処理または出力処理を表す
	計算処理を表す
	判断を表す

2 データ型と変数

データ型（data type）とは，データの種類をいう．コンピュータの中ではいろいろなデータ型を扱うが，その中で最も基本となるのが**整数**（integer）**型**と**実数**（real number）**型**である．整数型は−8, 5といった整数の集合であり，実数型は3.14, 1.414といった実数の集合である．実数型のデータは小数点を付けて表す．例えば，1は整数型のデータであるが，1.0は実数型のデータである．整数型と実数型ではコンピュータの内部表現が異なっているので，両者は厳密に区別しなければならない．

【注】 実数型は，**浮動小数点**（floating point）**型**ともいう．

変数はこのようなデータを値として持つ．以下，本書では，アルゴリズム上の変数は英大文字で，その値は英小文字で表すこととする．

3 算術演算子と算術式

ある計算を表現する場合には**算術式**（arithmetic expression）を用いるが，算術式は，変数や定数のほか，以下に示す**算術演算子**（arithmetic operator）によって構成される．

    ＋ … 加算
    − … 減算
    ＊（アスタリスク） … 乗算
    ／（スラッシュ）   … 除算

ここで，いくつか注意点を述べておこう．

1) 数学では，変数X, Yのかけ算はXYのように表すが，アルゴリズム内の算術式の場合，必ず＊記号を用いて，**X*Y**と表さなければならない．
2) 整数型同士の計算結果は整数型である．特に，わり算には注意しよう．整数／整数の結果はわり算の商（整数型）である．例えば，7/2の結果は3であって，3.5ではない．
3) 1つの算術式の中で整数型のデータと実数型のデータを混在させてもよい．その場合，結果は実数型となる．例えば，4*2.5の結果は10.0という実数型のデータとなる．

4 値の代入

入力以外で変数に値を設定するには，

　　　　　　　算術式　→　変数

という形式の**代入文**（assignment）を用いる．この代入文によって，左辺の算術式の値が計算され，その値が右辺の変数にセットされる．例えば，

　　　　　　　TEIHEN*TAKASA/2　→　MENSEKI

は代入文である．この代入文により，三角形の面積が計算され，右辺の変数MENSEKIに代入される．

なお，実数型のデータを整数型の変数に代入した場合，小数点以下は切り捨てられる．例えば，Nを整数型の変数とした場合，

$$3.5+2.7 \rightarrow N$$

によって，変数 N の値は 6 となる．

さらに，右辺の変数と同じ名前の変数が左辺の算術式の中に使われていてもよい．例えば，

$$N+1 \rightarrow N$$

のような場合である．これは，変数 N の値を 1 増やす文である．はじめ，変数 N の値が 7 であったとすると，この代入文の結果，変数 N の値は 1 増えて 8 になる．また，

$$SUM+K \rightarrow SUM$$

という代入文では，SUM の値が K 増える．

例題 9.1

以下の代入文を実行すると，各変数はどのような値を持つことになるか．ただし，X, Y は実数型，I, K は整数型とする．

1) $1.0 \rightarrow X$
    $X*X+2.0*X+3.0 \rightarrow Y$

2) $5 \rightarrow I$
    $I/2+I/3 \rightarrow K$

【解説】
整数同士のわり算に注意しよう．I が 5 のとき，I/2 の値は 2 である．

【解答】
1) X = 1.0   Y = 6.0   2) I = 5   K = 3

問 9.1 以下の代入文を実行すると，各変数はどのような値を持つことになるか．ただし，X, Y は実数型，I, K は整数型とする．

1) $3.0 \rightarrow X$
    $X*X-2.0*X+3.0 \rightarrow Y$

2) $7 \rightarrow I$
    $I/2*2 \rightarrow K$

3) $7 \rightarrow I$
    $I/(2*2) \rightarrow K$

9.2　判断分岐

1　条件式

アルゴリズムの中では条件式も使用する．**条件式**は，等号や不等号を用いた関係式で表現するのが最も基本であるが，第 2 章，第 3 章で述べた「かつ」（論理積），「または」（論理和），「でない」（否定）といった論理演算子を使用する場合もある．

先に進む前に，簡単に復習しておこう．

例題 9.2

次の条件式は成立するか（真か），不成立か（偽か）．ただし，X, Y は実数型の変数で，その値はそれぞれ 3.0, 4.5 とする．

1) X+Y>5.0   2) X<Y　かつ　Y<X+1.0

【解答】
    1) 成立   2) 不成立

問 9.2 次の条件式は成立するか（真か），不成立か（偽か）．ただし，K, N は整数型の変数で，その値はそれぞれ 4, 5 とする．

    1) $2*K-N<0$ 2) $K<N$ または $K/2*2 = K$

2 条件判断

アルゴリズムの中では，条件式によって処理内容を変えたいことがある．これは，流れ図では菱形を用いて表現する．図 9.2 に例を示す．図 9.2 は，

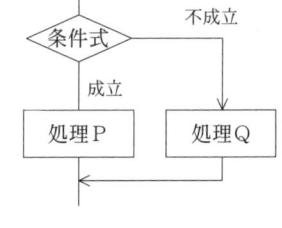

「条件式が成立したときは処理 P を，成立しないときは処理 Q を実行する」

ことを表している．

図 9.2 判断分岐

図 9.2 は 2 分岐である．3 以上に枝分かれさせたい場合には菱形を複数組み合わせて用いればよい．

例題 9.3

右図の流れ図で表されるアルゴリズムを実行すると，どのような値が出力されるか．ただし，変数はすべて整数型とする．

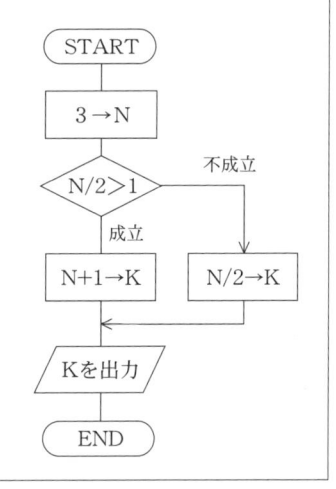

【解説】
    条件式 $N/2>1$ が成立するかどうかがポイントである．

【解答】
    1 が出力される．

問 9.3 右図の流れ図で表されるアルゴリズムを実行すると，どのような値が出力されるか．ただし，変数はすべて整数型とする．

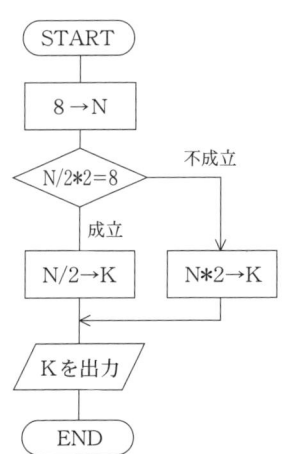

9.3 繰り返し

1 繰り返しの表現

同じ処理を何度も繰り返すアルゴリズムは流れ図では**図 9.3** のように表現する．図 9.3 では，条件式が成立している間，処理 P を何度も繰り返す．条件式が成立しなくなったところで繰り返しは終了する．もっとも，最初から条件式が成立しないときは処理 P は一度も実行されない．したがって，処理 P は 0 回以上の繰り返しとなる．

このような場合，処理 P の中では条件式の内容を変化させる処理が行われなければならない．そうでないと繰り返しは終了しない．本書では，そのような無限の繰り返し，すなわち**無限ループ**は考えないこととする．

なお，繰り返し回数が n 回（n は定数）と決まっている場合には，制御変数を用いて繰り返しを制御する．**図 9.4** にその例を示す．図 9.4 では K が制御変数である．K の値が 1 から $n+1$ まで変化し，$n+1$ となったところで繰り返しは終了するので，繰り返しは n 回である．

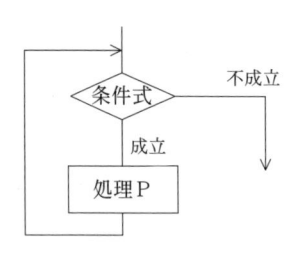

図 9.3 繰り返し

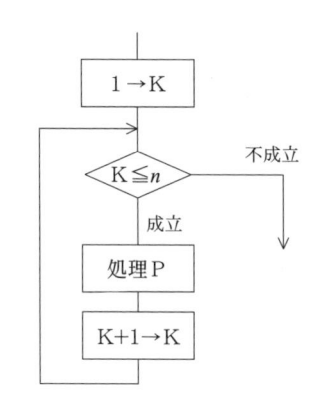

図 9.4 n 回の繰り返し

2 繰り返しにおける変数値の変化

繰り返しの中では，特定の変数の値が次々と変化していく．その過程は，漸化式を用いて数列の項を作り出すことに他ならない．

例題 9.4

右図の流れ図で表されるアルゴリズムについて,以下の問に答えよ.ただし,変数はすべて整数型とする.

1) 5を入力すると,どのような値が出力されるか.
2) 一般に,自然数 n を入力した場合,出力される値を n の式で表せ.

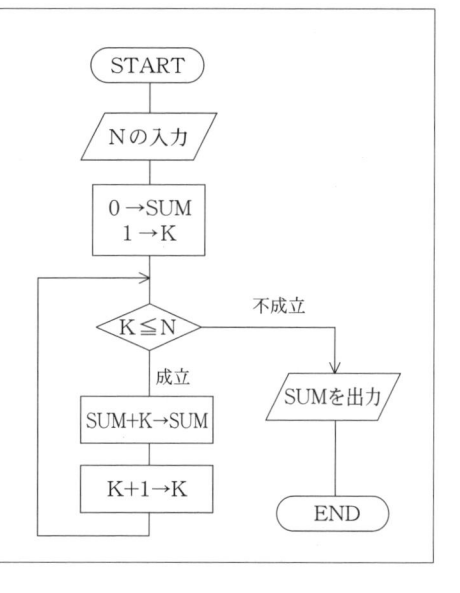

【解説】

1) 繰り返しの中で,SUMの値はK増えている.そのKは1から1ずつ増えて6まで変化する.6になったところで条件式 K≦N が成立しなくなり,繰り返しは終了する.したがって,6はSUMに足されない.この状況を表にすると,**表9.2** のようになる.

表9.2 変数の変化

回数	SUMの値	Kの値	K≦N
初期値	0	1	成立
1回目	1(=0+1)	2(=1+1)	成立
2回目	3(=1+2)	3(=2+1)	成立
3回目	6(=3+3)	4(=3+1)	成立
4回目	10(=6+4)	5(=4+1)	成立
5回目	15(=10+5)	6(=5+1)	不成立

2) n 回の繰り返しとなる.今,Kの値が k のときのSUMの値を a_k とすると,

SUM+K → SUM
K+1 → K

という代入文は,

$$a_k = a_{k-1} + k$$

という漸化式に対応している(0→SUM という代入文は,$a_0 = 0$ と考えよ).出力される値は a_n であり,これは1から n までの和である.

すなわち,最終的なSUMの値は $0+1+2+3+\cdots+n = \sum_{k=1}^{n} k = \dfrac{n(n+1)}{2}$ となる.

【解答】

1) 15   2) $\dfrac{n(n+1)}{2}$

問 9.4
右図の流れ図で表されるアルゴリズムについて，以下の問に答えよ．ただし，変数はすべて整数型とする．

1) 4 を入力すると，どのような値が出力されるか（表 9.2 のような表を作成してみよ）．
2) 一般に，自然数 n を入力した場合，出力される値を n の式で表せ．

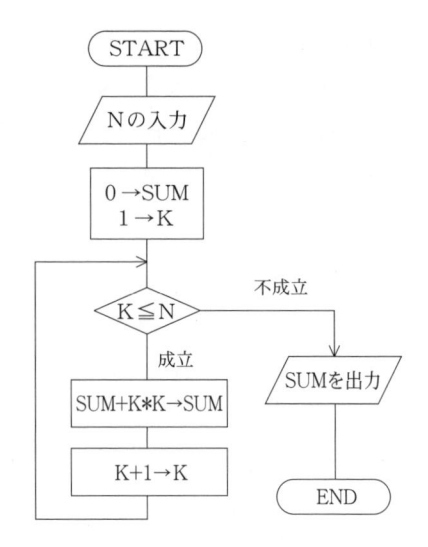

例題 9.5
右図の流れ図で表されるアルゴリズムを実行すると，ある値を出力して終了する．どのような値が出力されるか．なお，条件
$$|X-Y| < 10^{-5}$$
は，X と Y がほぼ等しいことを表す．

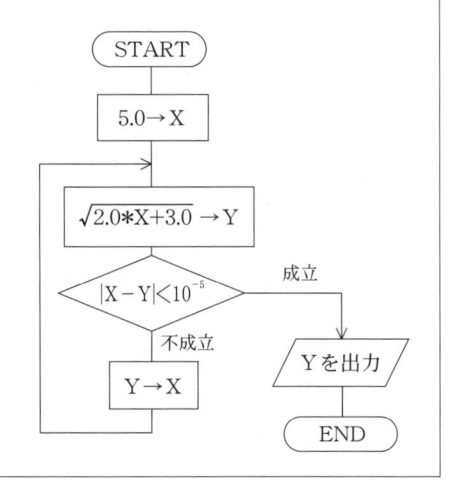

【解説】
X の値を a_n，Y の値を a_{n+1} とすると，
$$a_{n+1} = \sqrt{2a_n + 3}$$
という漸化式が得られる．例題 8.11 で示したように，この数列は 3 に収束する．図のアルゴリズムでは，その極限の近似値が出力される．

【解答】
3.0 の近似値が出力される．

【注】 コンピュータ処理では，無限の繰り返しをさせるわけにはいかない．そのために，一定の値に近づいたかどうかを，$|X-Y| < 10^{-5}$ といった条件で判断するのである．したがって，このような処理の結果得られる値は近似解である．

問 9.5 右図の流れ図で表されるアルゴリズムを実行すると，ある値を出力して終了する．どのような値が出力されるか．

（**ヒント**：方程式 $\sqrt{\alpha+2} = \alpha$ の近似解が得られる）

9.4 配列と繰り返し

1 配列

配列（array）とは，複数の変数の集合である．配列は複数のデータを一度に扱いたい場合に用いるデータ構造である．配列内の要素すなわち変数は，配列名と添え字を用いて表現する．添え字は1からの連番である．例えば，配列名がAの配列の場合，1番目の要素はA[1]，2番目の要素はA[2]，…と表す．添え字としては変数が使用できるので，一般にK番目の要素はA[K]と表すことができる．さらに，添え字としては整数を値として持つ算術式を記述することができる．例えば，I, Jが整数型の変数であれば，2*I+Jは整数値を値として持つ算術式なので，添え字としてA[2*I+J]のように記述することができる．

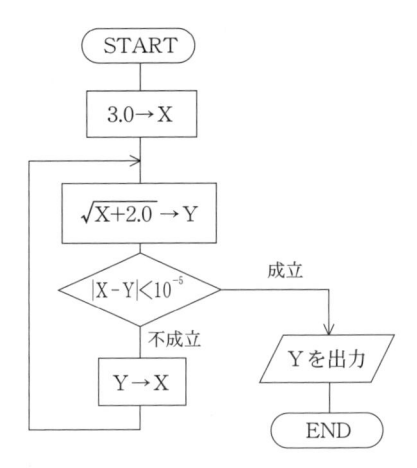

また，配列の各要素は変数であり，したがって，それぞれが個別の値を持つので，算術式の中で用いることができる．

配列は，いわば，有限数列を表すものである．したがって，以下では，配列AのK番目の要素A[K]の値を a_k として表現することにする．

例題 9.6

実数型配列Aに5つのデータ 1.5, 2.0, 2.5, 3.0, 3.5 がこの順に登録されている．この時，以下の算術式の値を求めよ．ただし，変数I, Jの値は，それぞれ3, 4とする．

1) A[I]   2) A[I/2]+A[J]

【解説】

1)はA[3]の値である．2)では，I/2の値が1であることに注意しよう．

【解答】

1) A[I] = A[3] = 2.5
2) A[I/2]+A[J] = A[1]+A[4] = 1.5+3.0 = 4.5

問 9.6 実数型配列Aに5つのデータ 2.5, 3.0, 3.5, 4.0, 4.5 がこの順に登録されている．この時，以下の算術式の値を求めよ．ただし，変数I, Jの値は，それぞれ2, 3とする．

1) A[I/2]   2) A[I+2]+A[J/2*2]

2 配列と繰り返し

配列には複数のデータが登録されているので，それらの処理は当然繰り返しとなる．配列に n 件のデータが登録されている場合には，n 回の繰り返しである．以下に簡単な例を示そう．

例題 9.7

図 9.5 の流れ図で表されるアルゴリズムについて，以下の問に答えよ．なお，配列 A には n 件のデータが登録されており，K 番目の要素 A[K] の値 a_k は $3k+2$ である．

1) $n = 5$ のとき，出力される値を求めよ．
2) 出力される値を n の式で表せ．

【解説】

代入文
$$\mathrm{SUM} + \mathrm{A[K]} \to \mathrm{SUM}$$
では，これまでの和 SUM に A[K] を加えているので，結局，**図 9.5** のアルゴリズムは，
$$\mathrm{A}[1] + \mathrm{A}[2] + \cdots + \mathrm{A}[n]$$
すなわち，$\sum_{k=1}^{n} a_k$ を求めるものである．

【解答】

1) $\sum_{k=1}^{5} a_k = \sum_{k=1}^{5}(3k+2)$
$= 5+8+11+14+17 = 55$

2) $\sum_{k=1}^{n}(3k+2) = 3 \cdot \dfrac{n(n+1)}{2} + 2n$
$= \dfrac{3n^2 + 7n}{2}$

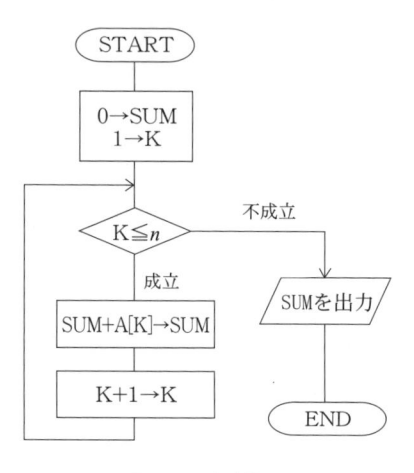

図 9.5 配列処理

問 9.7 図 9.5 の流れ図で表されるアルゴリズムについて，以下の問に答えよ．なお，配列 A には n 件のデータが登録されており，K 番目の要素 A[K] の値 a_k は $\dfrac{1.0}{k(k+1)}$ である．

1) $n = 4$ のとき，出力される値を求めよ．
2) 出力される値を n の式で表せ．

9.5 関数の呼び出しと実行

1 関数の性質

数学における関数は，集合の要素を集合の要素に対応させる静的な関係を意味していた．しかし，プログラムにおける関数はもっと動的なものである．プログラムにおける関数はいくつ

かのデータを受け取り，所定の計算をして，計算結果（関数値）を呼び出し側に返すプログラムの独立したパーツである．これは図9.6のように表すことができる．

データ→　…　データ→ | 関　数 | →関数値

図9.6　関数の概念

2　関数呼び出し

このような関数は別のプログラムから呼び出して実行させることができる．関数の呼び出し形式は以下の通りである．

関数名（データ$_1$, データ$_2$, …, データ$_n$）

例えば，平方根を求める関数の名前は SQRT であり，実数データ X の平方根を求めるには，SQRT(X) という関数呼び出しを記述する．関数呼び出しは関数値を値として持つので，算術式の中に記述することができる．例えば，

SQRT(X+Y)/2.0 → Z

のような記述が可能である．これは $\frac{\sqrt{x+y}}{2.0}$ を計算し，その値を Z に代入するものである．

3　関数の実行

関数もプログラムの一部なので，アルゴリズムを持ち，それを実行させることができる．本書では，関数のアルゴリズムも流れ図で表すことにする．

例題 9.8

右図に示す関数 TOTAL1 は自然数 N を受け取り，ある計算をしてその結果を返す関数である．この関数について，以下の問に答えよ．

1) 関数呼び出し TOTAL1(4) はどのような値を持つか．
2) 関数呼び出し TOTAL1(n) の値を n の式で表せ．

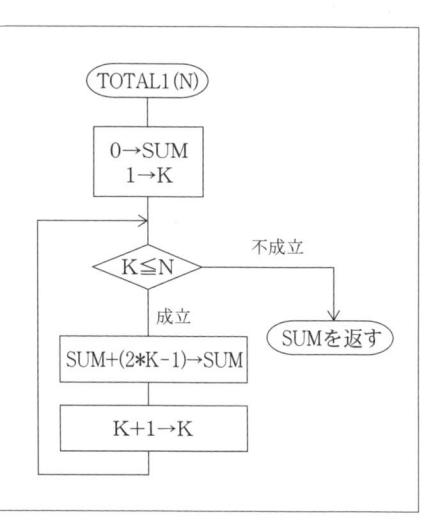

【解説】

1)では変数 N の値が 4 となる．2)は TOTAL1 が $\sum_{k=1}^{n}(2k-1)$ を計算して返す関数であることがわかれば簡単に解答できる．

【解答】

1) $\sum_{k=1}^{4}(2k-1) = \sum_{k=1}^{4}(2k-1) = 1+3+5+7 = 16$

2) $\sum_{k=1}^{n}(2k-1) = 2 \cdot \dfrac{n(n+1)}{2} - n = n^2$

問 9.8 右図に示す関数 TOTAL2 について，以下の問に答えよ．

1) 関数呼び出し TOTAL2(5) はどのような値を持つか．

2) 関数呼び出し TOTAL2(n) の値を n の式で表せ．

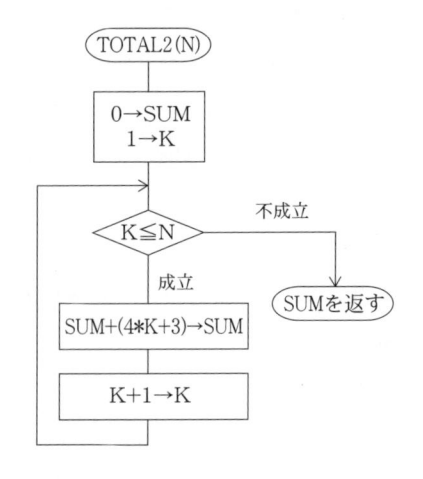

4 関数の再帰的呼び出し

関数の中で，別の関数を呼び出すことはもちろんかまわないが，その関数自身を呼び出すことも可能である．例えば，f という関数の中で，関数 f を呼び出すことができるのである．このように，関数の中でその関数自身を呼び出すことを，**再帰的呼び出し**（recursive call）という．また，再帰的呼び出しを用いてアルゴリズムが作られている関数は，**再帰的関数**（recursive function）という．

関数の再帰的呼び出しは，繰り返し処理の一種である．再帰的関数の値は，やはり漸化式を用いた数列で表現することができる．

例題 9.9

右図に示す再帰的関数 REC1 について，以下の問に答えよ．

1) 関数呼び出し REC1(4) はどのような値を持つか．

2) 関数呼び出し REC1(n) の値を n の式で表せ．

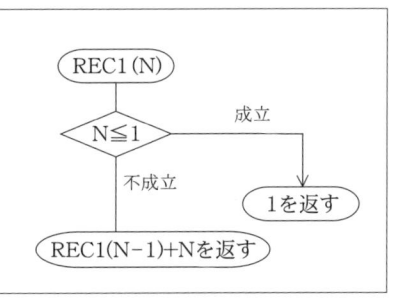

【解説】

1) REC1(4) を呼び出すと，関数 REC1 内の変数 N の値は 4 となり，REC1(3)+4 の値を返す．ただし，REC1(3) は再帰的呼び出しであり，その値を計算した後でなければ，もとの値は確定しない．

2) 関数呼び出し REC1(k) の値を a_k とすると，

$k=1$ のとき $a_1 = 1$

$k>1$ のとき $a_k = a_{k-1}+k$

となる．

【解答】

1) REC1(4) = REC1(3)+4 = REC1(2)+3+4 = REC1(1)+2+3+4 = 1+2+3+4
   = 10

2) REC1(n) = a_n = REC($n-1$)+n = REC($n-2$)+($n-1$)+n
   = ⋯ = 1+2+⋯+($n-1$)+n = $\sum_{k=1}^{n} k$ = $\frac{n(n+1)}{2}$

問 9.9 右図に示す再帰的関数 REC2 について，以下の問に答えよ．

1) 関数呼び出し REC2(3) はどのような値を持つか．

2) 関数呼び出し REC2(n) の値を n の式で表せ．

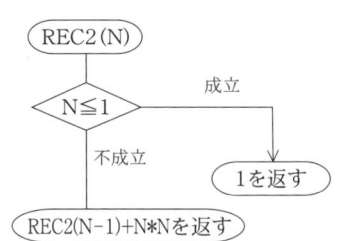

第9章のまとめ

1) 処理の手順または計算の手順を [a)] という．
2) 流れ図においては，[b)] は入力処理や出力処理を表す．
3) コンピュータ処理においては，データの種類（集合）のことを [c)] という．例えば，整数型，実数型などがある．
4) 変数 ABC と X とのかけ算は，[d)] と表す．
5) 9/2 の答は整数型で，[e)] である．
6) 算術式→変数という文を [f)] という．
7) 流れ図では，菱形は [g)] を表す．
8) 複数の変数の集合を [h)] という．[h)] においては，各変数は添え字で識別する．添え字は1からの連番である．
9) 関数の中で自分自身を呼び出すことを [i)] という．

練習問題 9

【1】 右の流れ図で表されるアルゴリズムについて，以下の問に答えよ
ただし，変数はすべて整数型とする．
1) 5を入力すると，どのような値が出力されるか．
2) 一般に，自然数 n を入力した場合，出力される値を n の式で表せ．

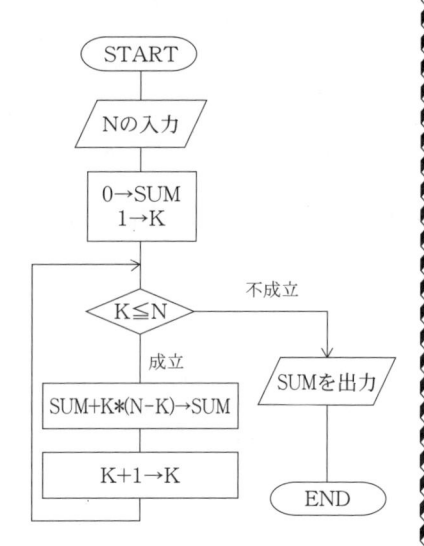

```
START
Nの入力
0→SUM
1→K
K≦N  不成立 → SUMを出力 → END
成立
SUM+K*(N-K)→SUM
K+1→K
```

【2】 右の流れ図で表されるアルゴリズムを実行すると，ある値を出力して終了する．どのような値が出力されるか．なお，条件
$$|X-Y|<10^{-5}$$
は，X と Y がほぼ等しいことを表す．
(**ヒント**：方程式 $\dfrac{1}{2}\alpha+\dfrac{3}{2\alpha}=\alpha$ の解の近似値が得られる)

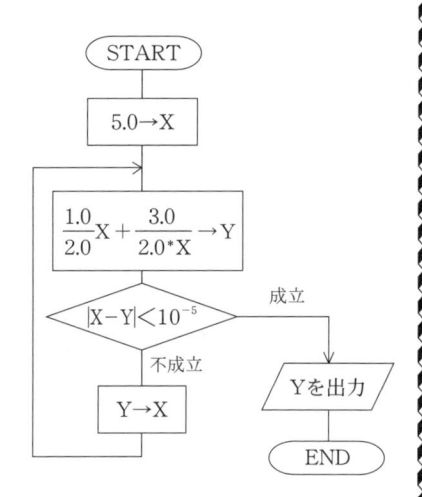

```
START
5.0→X
(1.0/2.0)X + 3.0/(2.0*X) →Y
|X-Y|<10^-5  成立 → Yを出力 → END
不成立
Y→X
```

【3】 右図に示す再帰的関数 REC について，以下の問に答えよ．
1) 関数呼び出し REC(3) はどのような値を持つか．
2) 関数呼び出し REC(n) の値を n の式で表せ．

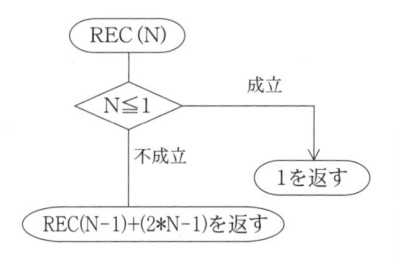

```
REC(N)
N≦1  成立 → 1を返す
不成立
REC(N-1)+(2*N-1)を返す
```

第10章 指数と対数

> プログラムの処理時間（計算量）は処理対象のデータ量と関係しています．その関係は指数や対数を用いて表すことができます．そのため，計算量を理解するには指数と対数について理解しておく必要があります．そこで，計算量については次章に譲ることにして，この章で指数と対数について概観することにします．

10.1 指数

指数に関しては，これまで特に意識せずに使用してきたが，ここで一通り整理しておこう．

1 累乗

実数 a が与えられているとする．この a を n 個掛け合わせたものを **a の n 乗**といい，a^n と表す．また，a^1, a^2, a^3, … を a の**累乗**（power）または**ベキ**といい，右肩に書く 1, 2, 3, … をその**指数**（exponent）という．

a の指数を扱う場合，a のことを**底**（base）という．

2 累乗根

実数 a が与えられているとする．2乗して a となる数を a の 2 乗根または**平方根**（square root），3乗して a となる数を a の 3 乗根または**立方根**（cube root）という．一般に，n を自然数としたとき，n 乗して a となる数を **a の n 乗根**という．また，これらをまとめて**累乗根**（root）という．

a の n 乗根は，方程式 $x^n - a = 0$ の解である．a の n 乗根は複素数の範囲で考えると一般に n 個存在するが，実数の範囲では以下のようになる．

---

1) n が偶数のとき

  1.1) $a > 0$ のとき

    実数の n 乗根は 2 つある．正のほうを $\sqrt[n]{a}$，負のほうを $-\sqrt[n]{a}$ と表す．ただし，$\sqrt[2]{a}$ は単に $\sqrt{a}$ と書く．

  1.2) $a = 0$ のとき

    n 乗根は 0 のみである．

  1.3) $a < 0$ のとき

    実数の n 乗根は存在しない．

2) n が奇数のとき

> a の正負に関係なく，実数の n 乗根はただ一つ存在する．それを，$\sqrt[n]{a}$ と表す．

例題 10.1

次の値を実数の範囲で答えよ．
1) 5 の 2 乗根
2) -4 の 2 乗根
3) 10 の 3 乗根
4) -8 の 3 乗根

【解答】
1) $\sqrt{5}$ と $-\sqrt{5}$　 2) 存在しない　 3) $\sqrt[3]{10}$　 4) $\sqrt[3]{-8} = -2$

問 10.1 次の値を実数の範囲で答えよ．
1) 5 の 4 乗根　 2) -10 の 4 乗根　 3) 27 の 3 乗根　 4) -64 の 3 乗根

3 指数の公式

さて，指数に関する演算についてみていこう．とりあえず，a は正の実数，m, n は自然数とする．

まず，累乗の積に関しては，

$$a^m \times a^n = \overbrace{(a \times \cdots \times a)}^{m \text{ 個}} \times \overbrace{(a \times \cdots \times a)}^{n \text{ 個}} = \overbrace{a \times \cdots \times a}^{m+n \text{ 個}} = a^{m+n}$$

となる．すなわち，$a^m \times a^n = a^{m+n}$ が成立する．

次に，累乗の商を考えよう．例えば，$\dfrac{a^5}{a^3} = a^2$ であり，また $a^{5-3} = a^2$ となるので，$\dfrac{a^5}{a^3} = a^{5-3}$ がいえる．これは一般化でき，$\dfrac{a^m}{a^n} = a^{m-n}$ が成立する．この公式は，$m > n$ の場合だけでなく $m \leqq n$ の場合も成立する．指数が 0 の場合は $a^0 = 1$ であり，指数が負数となる場合は $a^{-n} = \dfrac{1}{a^n}$ となる．$\dfrac{a^m}{a^n} = a^{m-n}$ という公式を利用すると，$a^0 = 1$, $a^{-n} = \dfrac{1}{a^n}$ は簡単に証明できる．

さらに，

$$(a^m)^n = \overbrace{a^m \times a^m \times \cdots \times a^m}^{n \text{ 個}} = \overbrace{a \times a \times \cdots \times a}^{mn \text{ 個}} = a^{mn}$$

が成立する．

例題 10.2

$\dfrac{a^m}{a^n} = a^{m-n}$ を用いて，$a^0 = 1$ を証明せよ．

【解説】
$m = n$ とすると，0 乗が得られる．

【解答】
$m = n$ とすると，公式の左辺 $= \dfrac{a^n}{a^n} = 1$，公式の右辺 $= a^{n-n} = a^0$

よって，$a^0 = 1$

問 10.2 $a^{-n} = \dfrac{1}{a^n}$ を証明せよ．

実は，指数は，自然数や整数だけでなく，有理数，さらには実数にまで拡張することができる．指数を実数にまで拡張した場合，**図 10.1** に示す公式が成立する．図 10.1 では，n は自然数，m は整数，x，y は実数とする．また，$a \neq 0$ とする．

---

1) $a^0 = 1,\ a^1 = a$　　2) $a^{-x} = \dfrac{1}{a^x}$　　3) $a^x \times a^y = a^{x+y}$

4) $\dfrac{a^x}{a^y} = a^{x-y}$　　5) $(a^x)^y = a^{xy}$　　6) $(ab)^x = a^x b^x$

7) $\left(\dfrac{a}{b}\right)^x = \dfrac{a^x}{b^x}$

8) $a > 0$ のとき，$a^{\frac{m}{n}} = \sqrt[n]{a^m}$，　特に，$m = 1$ のとき $a^{\frac{1}{n}} = \sqrt[n]{a}$

9) $a > 1$ のとき，$x < y \ \Leftrightarrow \ a^x < a^y$
   $0 < a < 1$ のとき，$x < y \ \Leftrightarrow \ a^x > a^y$

10) $a > 0,\ b > 0$ のとき，
   10.1) $x > 0$ のとき，$a < b \ \Leftrightarrow \ a^x < b^x$
   10.2) $x < 0$ のとき，$a < b \ \Leftrightarrow \ a^x > b^x$

図 10.1 指数の公式

ここで，指数が有理数の場合，すなわち，$a^{\frac{m}{n}} = \sqrt[n]{a^m}$ について補足しておこう．
$A = a^{\frac{1}{n}}$ とおくと，$A^n = (a^{\frac{1}{n}})^n = a^{\frac{1}{n} \cdot n} = a^1 = a$ であるから，A は a の n 乗根であり，$A = \sqrt[n]{a}$ である．すなわち，$a^{\frac{1}{n}} = \sqrt[n]{a}$ となることがわかる．したがって，より一般的には，$a^{\frac{m}{n}} = a^{m \cdot \frac{1}{n}} = (a^m)^{\frac{1}{n}} = \sqrt[n]{a^m}$ が成立する．

なお，関数 $f(x) = a^x$ を**指数関数**という．**図 10.2** に示すように，$a > 1$ の場合の指数関数と $0 < a < 1$ の場合の指数関数は y 軸に関して対象である．

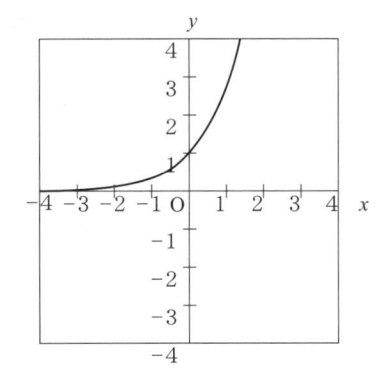

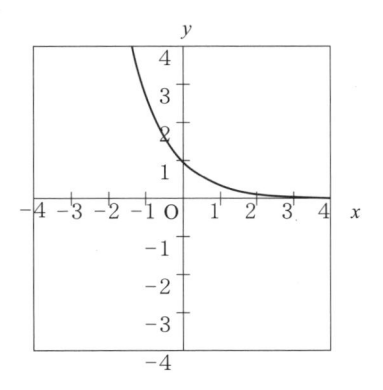

a) $1 < a$ の場合　　　　　　　　b) $0 < a < 1$ の場合

図 10.2 指数関数

例題 10.3

次の式を a^x の形式で表せ．ただし，$a > 0$ とする．

1) $\sqrt[3]{\dfrac{a^2}{\sqrt{a}}}$　　　2) $\dfrac{\sqrt{a\sqrt{a}}}{\sqrt[3]{a}}$

【解説】

まず，公式 $a^{\frac{m}{n}} = \sqrt[n]{a^m}$ を用いて，根号を消去しよう．

【解答】

1) $\sqrt[3]{\dfrac{a^2}{\sqrt{a}}} = \left(\dfrac{a^2}{a^{\frac{1}{2}}}\right)^{\frac{1}{3}} = (a^{2-\frac{1}{2}})^{\frac{1}{3}} = (a^{\frac{3}{2}})^{\frac{1}{3}} = a^{\frac{3}{2} \times \frac{1}{3}} = a^{\frac{1}{2}}$

2) $\dfrac{\sqrt{a\sqrt{a}}}{\sqrt[3]{a}} = \dfrac{(a \cdot a^{\frac{1}{2}})^{\frac{1}{2}}}{a^{\frac{1}{3}}} = \dfrac{a^{\frac{3}{2} \cdot \frac{1}{2}}}{a^{\frac{1}{3}}} = a^{\frac{3}{4} - \frac{1}{3}} = a^{\frac{5}{12}}$

問 10.3 次の式を a^x の形式で表せ．ただし，$a > 0$ とする．

1) $\sqrt[4]{\dfrac{a^5}{\sqrt{a^3}}}$　　　2) $\dfrac{\sqrt{a\sqrt{a^3}}}{\sqrt[4]{a^3}}$

例題 10.4

次の値を求めよ．

1) $9^{-\frac{3}{2}}$　　　2) $\left(\dfrac{8}{27}\right)^{-\frac{4}{3}}$

【解説】

a の部分を累乗で表したのち指数法則を適用する．なお，$9 = 3^2$，$8 = 2^3$，$27 = 3^3$ である．

【解答】

1) $9^{-\frac{3}{2}} = (3^2)^{-\frac{3}{2}} = 3^{2 \times (-\frac{3}{2})} = 3^{-3} = \dfrac{1}{3^3} = \dfrac{1}{27}$

2) $\left(\dfrac{8}{27}\right)^{-\frac{4}{3}} = \left(\dfrac{2}{3}\right)^{3 \times (-\frac{4}{3})} = \left(\dfrac{2}{3}\right)^{-4} = \left(\dfrac{3}{2}\right)^{4} = \dfrac{3^4}{2^4} = \dfrac{81}{16}$

なお，上の例題の 2) では，$\left(\dfrac{a}{b}\right)^{-n} = \left(\dfrac{b}{a}\right)^{n}$ を用いている．この公式は，次のようにして示すことができる．

$$\left(\dfrac{a}{b}\right)^{-n} = \dfrac{1}{\left(\dfrac{a}{b}\right)^{n}} = \dfrac{1}{\left(\dfrac{a^n}{b^n}\right)} = \dfrac{b^n}{a^n} = \left(\dfrac{b}{a}\right)^{n}$$

問 10.4 次の値を求めよ．

1) $64^{\frac{2}{3}}$　　　2) $144^{-\frac{1}{2}}$

例題 10.5

$5^x = 4$ のとき，以下の値を求めよ．

1) 5^{2x+1}　　　2) 5^{-x+2}

【解説】
　　　　指数のままでは計算できないので，掛け算の形式に変形する必要がある．
【解答】
1) 与式 $= 5^{2x+1} = (5^x)^2 \cdot 5 = 80$
2) 与式 $= 5^{-x+2} = (5^x)^{-1} \cdot 5^2 = 4^{-1} \cdot 25 = \dfrac{25}{4}$

問 10.5 $2^x = 3$ のとき，$2^{2x+3} + 2^{-x+1}$ の値を求めよ．

――― 例題 10.6 ―――
$x^{\frac{1}{2}} + x^{-\frac{1}{2}} = 5$ のとき，$x + x^{-1}$ の値を求めよ．

【解説】
　　　　与式の両辺を 2 乗すると，求める式の形が現れてくる．
【解答】
　　　　与えられた条件の両辺を 2 乗すると，
$$(x^{\frac{1}{2}} + x^{-\frac{1}{2}})^2 = 5^2, \qquad x + 2 + x^{-1} = 25$$
よって，　$x + x^{-1} = 23$

問 10.6 $x + x^{-1} = 3$ のとき，$x^2 + x^{-2}$ の値を求めよ．

――― 例題 10.7 ―――
2^{35} と 5^{14} を大小比較せよ．

【解説】
　　　　35 と 14 の最大公約数 7 を考える．
【解答】
　　　　$2^{35} = (2^5)^7 = 32^7$ であり，$5^{14} = (5^2)^7 = 25^7$ である．
　　　　ここで，$25 < 32$ なので，$25^7 < 32^7$
　　　　よって，$5^{14} < 2^{35}$

問 10.7 2^{30} と 3^{20} を大小比較せよ．

10.2　対数

1　対数の定義

対数（logarithm）とは，指数と逆関数の関係にある概念である．正確には以下のように定義される．

$a > 0$, $a \neq 1$ のとき，正の実数 x に対して，$x = a^y$ となる実数 y がただ一つ定まる．

この y を
$$y = \log_a x$$
と書き，**a を底とする x の対数**という．また，$\log_a x$ において x を**真数** (anti-logarithm) という．真数は常に正でなければならない．

例えば，$2^3 = 8$ なので $3 = \log_2 8$ となる．また，$3^2 = 9$ なので $2 = \log_3 9$ となる．

一般に，
$$n = \log_a a^n$$
が成り立つ．

2 対数の公式

対数に関しては，図 10.3 に示す公式が成立する．ただし，a, c は 1 でない正数，また $M > 0$，$N > 0$, $b > 0$ とする．対数の公式 1), 2), 3) は，指数の公式 1), 3), 4) と対応させると理解しやすいであろう．

---

1) $\log_a 1 = 0, \quad \log_a a = 1$ 　　　 2) $\log_a MN = \log_a M + \log_a N$

3) $\log_a \dfrac{M}{N} = \log_a M - \log_a N$ 　　　 4) $\log_a M^p = p \log_a M$

5) $\log_a b = \dfrac{\log_c b}{\log_c a}, \quad$ 特に $\quad \log_a b = \dfrac{1}{\log_b a}$

6) $a > 1$ のとき，
$$0 < x < y \quad \leftrightarrow \quad \log_a x < \log_a y$$
$0 < a < 1$ のとき，
$$0 < x < y \quad \leftrightarrow \quad \log_a x > \log_a y$$

図 10.3 対数の公式

また，**対数関数** $y = \log_a x$ を図 10.4 に示す．a) と b) は x 軸に関して対称である．

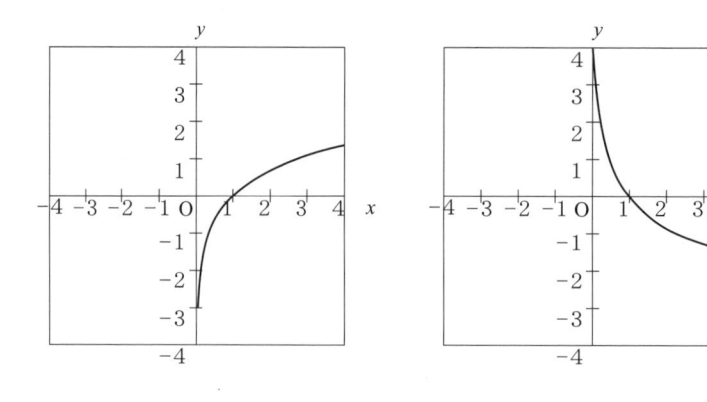

a) $1 < a$ の場合 　　　 b) $0 < a < 1$ の場合

図 10.4 対数関数

例題 10.8

$\log_a MN = \log_a M + \log_a N$ を証明せよ.

【解説】

$p = \log_a M$, $q = \log_a N$ とおいて指数の形式に戻してみよう.

【解答】

$p = \log_a M$, $q = \log_a N$ とおくと, $M = a^p$, $N = a^q$

よって, $MN = a^p a^q = a^{p+q}$

したがって,
$$\log_a MN = p+q = \log_a M + \log_a N$$

問 10.8 以下を証明せよ.

1) $\log_a \dfrac{M}{N} = \log_a M - \log_a N$ 2) $\log_a M^p = p\log_a M$

例題 10.9

$\log_a b = \dfrac{\log_c b}{\log_c a}$ を証明せよ.

【解説】

$p = \log_a b$ とおいてみよう.

【解答】

$p = \log_a b$ とおくと, $b = a^p$

よって, $\log_c b = \log_c a^p = p\log_c a$

したがって, $p = \log_a b = \dfrac{\log_c b}{\log_c a}$

この結果により, 次の式も公式として使用できる.
$$\log_c b = (\log_c a)(\log_a b)$$

問 10.9 以下の式の値を求めよ.

1) $\log_4 32$ 2) $\log_9 27$

例題 10.10

$\log_{10} 2 = p$, $\log_{10} 3 = q$ とするとき, $\log_{10} \dfrac{3}{50}$ を p, q で表せ.

【解説】

真数 $\dfrac{3}{50}$ を 2, 3, 10 で表してみよう.

【解答】

$\dfrac{3}{50} = \dfrac{6}{100} = \dfrac{2\cdot 3}{10^2}$ なので,

$\log_{10} \dfrac{3}{50} = \log_{10} \dfrac{2\cdot 3}{10^2} = (\log_{10} 2 + \log_{10} 3) - \log_{10} 10^2 = p+q-2$

問 10.10 $\log_{10} 2 = p$, $\log_{10} 3 = q$ とするとき, $\log_{10} \dfrac{\sqrt{15}}{2}$ を p, q で表せ.

例題 10.11

$\log_2 3 = p$, $\log_3 7 = q$ とするとき, $\log_{21} 42$ を p, q で表せ.

【解説】
　　　21, 42 を 2, 3, 7 で表し, 底を 2 にそろえて計算してみよう.

【解答】
$$\log_{21} 42 = \frac{\log_2 42}{\log_2 21} = \frac{\log_2 2 \cdot 3 \cdot 7}{\log_2 3 \cdot 7} = \frac{\log_2 2 + \log_2 3 + \log_2 7}{\log_2 3 + \log_2 7}$$

ここで, 前ページの公式より, $\log_2 7 = (\log_2 3)(\log_3 7) = pq$

よって, $\log_{21} 42 = \dfrac{\log_2 2 + \log_2 3 + \log_2 7}{\log_2 3 + \log_2 7} = \dfrac{pq + p + 1}{pq + p}$

問 10.11 $\log_4 5 = p$, $\log_5 6 = q$ とするとき, $\log_{20} 30$ を p, q で表せ.

3 常用対数

10 を底とする対数を**常用対数**（common logarithm）という.

常用対数 $\log_{10} x$ を整数部分 n と小数部分 a（ただし $0 \leqq a < 1$）とに分けてみる. すなわち,
$$\log_{10} x = n + a$$
とする. 例えば, $n = 1$ の場合,
$$1 \leqq \log_{10} x < 2 \quad \leftrightarrow \quad 10^1 \leqq x < 10^2 \quad \leftrightarrow \quad x \text{ の整数部分は 2 桁となる}$$
また, $n = -2$ の場合,
$$-2 \leqq \log_{10} x < -1 \quad \leftrightarrow \quad \frac{1}{10^2} \leqq x < \frac{1}{10^1} \quad \leftrightarrow \quad x \text{ は小数第 2 位で初めて 0 でない数字が現れる.}$$

一般には, 以下が成立する.

$n \geqq 0$ のとき, x の整数部分は $(n+1)$ 桁である.

$n < 0$ のとき, x は小数第 $(-n)$ 位で初めて 0 でない数字が現れる

実際, $n \geqq 0$ の場合,
$$n \leqq \log_{10} x < n+1 \quad \leftrightarrow \quad 10^n \leqq x < 10^{n+1} \quad \leftrightarrow \quad x \text{ 整数部分は } (n+1) \text{ 桁となる}.$$
また, $\log_{10} x$ の整数部分が $-n(n>0)$ の場合,
$$-n \leqq \log_{10} x < -n+1 \quad \leftrightarrow \quad \frac{1}{10^n} \leqq x < \frac{1}{10^{n+1}} \quad \leftrightarrow \quad x \text{ は小数第 } n \text{ 位で初めて 0 でない数字が現れる.}$$

したがって, 例えば, $\log_{10} x = 5.41$ であれば x の整数部分は 6 桁である. $\log_{10} x = -3.28$ であれば, $-3.28 = -4 + 0.72$ なので x は小数第 4 位から始まる.

なお, 近似値として $\log_{10} 2 = 0.3010$, $\log_{10} 3 = 0.4771$ である. これらはよく使用されるの

で覚えておいた方がよい.

─── 例題 10.12 ───
$x = 2^{100}$ について以下の問に答えよ.

1) x は何桁の整数か.
2) $\dfrac{1}{x}$ は小数第何位で初めて 0 でない数字が現れるか.

【解説】
$\log_{10} 2 = 0.3010$ を用いて, $\log_{10} x$, $\log_{10} \dfrac{1}{x}$ を計算してみよう.

【解答】
1) $\log_{10} x = \log_{10} 2^{100} = 100 \log_{10} 2 = 100 \times 0.3010 = 30.10$ より, 31 桁.
2) $\log_{10} \dfrac{1}{x} = \log_{10} 2^{-100} = -100 \log_{10} 2 = -30.10 = -31 + 0.90$ より, 小数第 31 位.

問 10.12 $x = 3^{50}$ について以下の問に答えよ.

1) x は何桁の整数か.
2) $\dfrac{1}{x}$ は小数第何位で初めて 0 でない数字が現れるか.

─── 第10章のまとめ ───
1) a の累乗 a^n において, n を [a)], a を [b)] という.
2) 2 乗して a となる数を a の [c)] という. 3 乗して a となる数を a の [d)] という.
3) a^0 の値は [e)] である.
4) 正の実数 x に対して, $x = a^y$ となる実数 y を [f)] と書く. これを a を底とする x の [g)] という. また, [f)] において x を [h)] という.
5) $\log_a 1$ の値は [i)] である.
6) 底を 10 とする対数は [j)] と呼ばれる.

練習問題 10

【1】 $a^{\log_a b} = b$ となることを証明せよ.

【2】 $\log_{10} 2 = 0.3010,\ \log_{10} 3 = 0.4771$ を用いて,

$$\log_{10} 4,\ \log_{10} 5,\ \log_{10} 6,\ \log_{10} 8,\ \log_{10} 9$$

を求めよ.

【3】 $3^x + 3^{-x} = t$ のとき, t を用いて $9^x + 9^{-x}$ を表せ.

【4】 次の連立方程式を解け.

$$\begin{cases} 2^x + 2^y = 24 \\ 2^{x+y} = 128 \end{cases}$$

ただし, $x > y$ とする.

【5】 $\log_4 9$ と $\log_9 25$ の大小を比較せよ.

（**ヒント**：$\log_4 9 > \log_4 8,\ \log_9 25 < \log_9 27$）

【6】 $2^{10} = 1024$ を用いて, $0.3 < \log_{10} 2 < 0.4$ となることを証明せよ.

【7】 $\log_2(\log_3 n) \leqq 2$ を満たす最大の自然数 n を求めよ.

（**ヒント**：$\log_3 n = x$ とおき, x の範囲を求めよ.）

【8】 $0 < a < b$ のとき, $a^a b^b$ と $a^b b^a$ の大小を比較せよ.

（**ヒント**：$\dfrac{a^a b^b}{a^b b^a}$ を整理せよ.）

第11章 データと計算量

> ある特定の処理を行うアルゴリズムとしては，工夫次第で複数考えることができます．もちろん，効率のよいアルゴリズムを作ることが大切です．
> このようなアルゴリズムを評価する尺度として計算量があります．本章ではこの計算量について学習しますが，計算量を表すのに指数や対数を用いるので，前章をよく理解してから本章に進んでください．

11.1 データ型と桁数

1 2進数

我々が日常使用する数は10進数である．すなわち，いくつかの例外はあるものの10進法による表記を用いるのが普通である．10進法では0から9までの10個の数字を用いる．また，10進数の各桁には10^n ($n=\cdots,-1,0,1,\cdots$)の**重み**がついている．例えば，1234.56という10進数では，最左端にある1の桁の重みは10^3であり，6の桁の重みは10^{-2}である．すなわち，

$$1234.56 = 1\times 10^3 + 2\times 10^2 + 3\times 10^1 + 4\times 10^0 + 5\times 10^{-1} + 6\times 10^{-2}$$

である．

一方，コンピュータの内部では，電気や磁気の状態がONかOFFかの2種類であるため，データはすべて**2進数**で表現される．**2進法**では各桁を表すのに0と1しか用いない．また，2進数の各桁の重みは2^nである．例えば，

```
(1  0  0 . 1)₂
⋮           ⋮
2²          2⁻¹ … 重み
```
図11.1 2進法と各桁の重み

$(100.1)_2$という2進数では，最左端にある1の桁の重みは2^2であり，最右端にある1の桁の重みは2^{-1}である．なお，以下では，$(\cdots)_2$と記述することによって2進数であることを表すことにする．

─ 例題 11.1 ─────────
次の2進数を10進数に変換せよ．
1) $(10010)_2$　　　2) $(100.1)_2$

【解説】
2進数を10進数に変換するには，各桁にその重み2^nを掛けたものを加えればよい．ただし，各桁の重みは小数点を基準にして設定されていることに注意しよう．

【解答】

1) $(10010)_2 = 1\times 2^4 + 0\times 2^3 + 0\times 2^2 + 1\times 2^1 + 0\times 2^0 = 16+0+0+2+0 = 18$

2) $(100.1)_2 = 1\times 2^2 + 0\times 2^1 + 0\times 2^0 + 1\times 2^{-1} = 4+0+0+0.5 = 4.5$

問 11.1 次の2進数を10進数に変換せよ.

1) $(10101)_2$ 2) $(1010.11)_2$

例題 11.2

次の10進数を2進数に変換せよ.

1) 50   2) 20.25

【解説】

10進数を2進数に変換するには，次のようにする.

- 整数部分 … 2で割っていき，余りを逆順に並べる．
- 小数部分 … 小数部分のみを2倍していき，整数となった部分を小数点の後に順に並べる．

図 11.2 を参照せよ．

```
1)   2)50              2)   2)20                0.25
     2)25 … 0               2)10 … 0           ×   2
     2)12 … 1               2) 5 … 0           0.50
     2) 6 … 0               2) 2 … 1
     2) 3 … 0                   1 … 0            0.5
        1 … 1                                  ×   2
                                                 1.0
     50 = (110010)₂        20 = (10100)₂      0.25 = (0.01)₂
```

図 11.2 10進2進変換

【解答】

1) $50 = (110010)_2$ 2) $20.25 = (10100.01)_2$

問 11.2 次の10進数を2進数に変換せよ.

1) 75   2) 30.625

2 整数型とビット数

第9章で既に述べたように，整数型とは整数を対象とするデータ型である．コンピュータの内部では，整数型のデータは8ビット，16ビット，32ビットなどで表現される．

ここで，**ビット** (bit) とは2進数の一桁のことである．1ビットでは0または1の2種類の情報を表現する．2ビットの場合には00，01，10，11という4種類の情報を，3ビットの場合には000，001，010，011，100，101，110，111という8種類の情報を表現できる．一般に，n ビットでは 2^n 通りの情報が表現できる．

さて，整数型には，符号ナシ整数型と符号付き整数型がある．符号ナシ整数型とは0以上の

整数のみを扱う整数型であり，符号付き整数型とは負数も扱う整数型である．n ビットの符号ナシ整数型が表現できる範囲は

$$0 \sim 2^n-1$$

であり，n ビットの符号付き整数型が表現できる範囲は

$$-2^{n-1} \sim 2^{n-1}-1$$

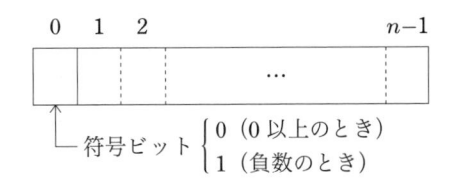

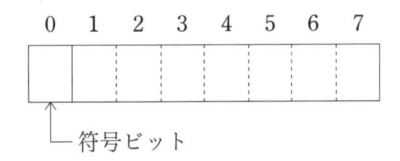

図 11.3 n ビットの符号付き整数型の表現形式

である．n ビットの符号付き整数型の内部表現形式を**図 11.3** に示す．図から明らかなように，最左端のビットを符号として用いる．符号ビットは，データが 0 以上の場合は 0 となり，データが負数の場合は 1 となる．

例題 11.3

8 ビットの符号付き整数型の範囲を求めよ．

【解説】

既に述べたように，n ビットの符号付き整数型が表現できるデータの範囲は $-2^{n-1} \sim 2^{n-1}-1$ である．

8 ビットの場合は，符号ビットを除いた数値部分が 7 ビットなので，そのビットパターンは $2^7=128$ 通り

図 11.4 8 ビットの符号付き整数型の表現形式

ある．したがって，符号ビットが 0 のとき（0 以上のとき）は 0 〜 127 の範囲，符号ビットが 1 のとき（負数のとき）は $-128 \sim -1$ の範囲となる．

【解答】

$-2^{8-1} \sim 2^{8-1}-1$，すなわち $-128 \sim 127$

問 11.3 16 ビットの符号付き整数型の範囲を求めよ．

例題 11.4

n ビットの整数型の最大値は 10 進数で約何桁となるか．ただし，$\log_{10}2=0.3010$ とする．

【解説】

10 進数で x 桁とすると，$10^x = 2^n$ が成立する．

【解答】

$x = \log_{10}2^n = n\log_{10}2 = n \times 0.3010 ≒ 0.3n$ より，約 $0.3n$ 桁．

問 11.4 32 ビットの整数型の最大値は 10 進数で約何桁となるか．ただし，$\log_{10}2=0.3010$ とする．

3 実数型とビット数

実数型データは，32ビットや64ビットで表現される．その内部表現形式は**図11.5**に示すとおりである．これは，

$$\pm M \times 16^e \quad \text{あるいは} \quad \pm M \times 2^e \quad (\text{ただし，} 0 \leq M < 1)$$

を意味している．ここで，Mを**仮数部**，eを**指数部**という．

符号ビット	指数部 e	仮数部 M

↑符号ビット　　↑小数点

図11.5 実数型の表現形式

例題 11.5

32ビットの実数型における10進数での有効桁数は約何桁か．ただし，指数部eは7ビットとする．

【解説】　指数部eが7ビットの場合，仮数部Mは24（＝32－1－7）ビットとなる．

【解答】　求める桁数をx桁とすると，仮数部Mのビット数は24ビットであるから，$10^x = 2^{24}$より$x = 24\log_{10}2 = 24 \times 0.3010 = 7.224$．したがって，有効桁数は10進数で約7.2桁となる．（例題11.4の結果を用いると，$0.3 \times 24 = 7.2$となる．）

問11.5　64ビットの実数型における10進数での有効桁数は約何桁か．ただし，指数部eは7ビットとする．

11.2　データ構造とデータ量

1 木構造

コンピュータの内部で用いるデータ構造には，リスト構造や木構造などがあるが，データ量との関連で重要なのは木構造である．

木構造（tree structure）とは，**図11.6**に示す形式のデータ構造をいう．木を逆さまにしたような形式をしていることから木構造と呼ばれる．図の○で示す部分を**ノード**（node）といい，そこにいろいろなデータが登録される．また，ノードとノードの間に引かれた線を枝という．枝はデータ間の関連性を示している．最上位のノードを**ルート**（root），下部に枝を持たないノードを**リーフ**（leaf）という．

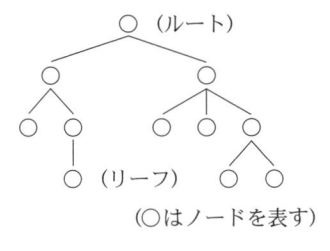

図 11.6 木構造の例 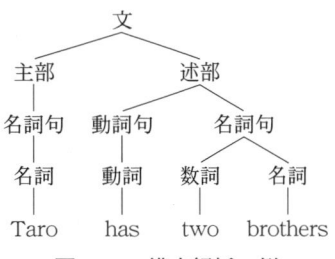　　**図 11.7** 構文解析の例

ルートからリーフまでの枝のつながりを**道**（path）という．木構造においては道は複数あるが，道に含まれるノードの個数の最大値をその木構造の**深さ**（depth）という．図 11.6 における木構造の深さは 4 である．

なお，各ノードにおける下部への枝が 2 本以下の木構造を **2 分木**（binary tree）という．図 11.6 の木構造は，枝の本数が 3 のノードがあるので 2 分木ではない．

少し具体的な木構造の例を**図 11.7** に示す．これは，「Taro has two brothers.」という英文を構文解析したときに生成される木構造（構文解析木）である．図 11.7 の例では 2 分木となっているが，構文解析木が必ずしも 2 分木になるわけではない．

別の例を示そう．簡単な算術式は 2 分木で表現することができる．例えば，

$$a*(b+c)$$

という算術式は図 11.8 のようになる．このような算術式を表す 2 分木を**算術木**という．算術木では，リーフに被演算子，リーフ以外のノードに演算子がくる．しかも，演算順位の高い演算子はリーフに近く，演算順位の低い演算子はルートに近くなる．

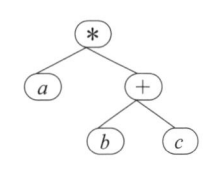

図 11.8 算術木

例題 11.6

以下の算術式を算術木で表せ．
1) $a*b+c$　　　2) $(a+b)*c$

【解説】
　　演算順位の高い演算子はリーフに近く，演算順位の低い演算子はルートに近くなる．
　　一番最後に用いる演算子がルートとなる．

【解答】
1)　　　　　　　　　　　　2)

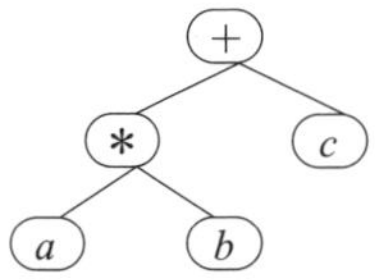

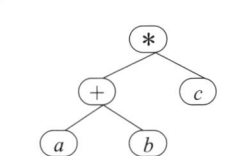

問 11.6 以下の算術式を算術木で表せ．

1) $a*b+c*d$ 2) $(a+b)*(c+d)$

例題 11.7

深さが n である 2 分木に含まれるノードの個数の最大値を求めよ．

【解説】

深さが n の木構造に含まれるノードの個数は，明らかに n 以上である．ノードの個数が最大となるのは，リーフ以外の各ノードがすべて 2 本の枝を持つ場合である．

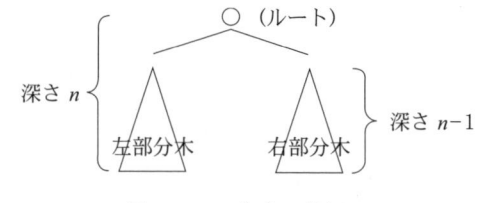

図 11.9 2 分木の枠組み

今，求める値を a_n とすると，$a_1 = 1$ である．後は漸化式を導き出せれば，a_n を求めることができる．

【解答】

対象とする 2 分木を図 11.9 のように考える．左部分木も右部分木も全く同じ構造であり，その深さは $n-1$ である．深さが $n-1$ である左右の部分木におけるノードの個数の最大値は a_{n-1} である．さらに，ルートにも 1 つノードがあるので，全体のノードの個数の最大値は $2a_{n-1}+1$ となる．したがって，

$$a_n = 2a_{n-1} + 1$$

という漸化式が得られる．ここで，$a_1 = 1$ であったから，

$$a_n = 2^n - 1$$

となる．

【注】 例えば，$a_2 = 1+2 = 3 = 2^2-1$ であり，$a_3 = 1+2+4 = 7 = 2^3-1$ である．

なお，木構造の処理結果は，前例のように，漸化式で表現できることが多く，そのため，再帰的関数などを用いた再帰的処理が適している．

問 11.7 深さが n である 2 分木に含まれるリーフの個数の最大値を求めよ．なお，枝を持たないルートはリーフでもある．

例題 11.8

ノードを n 個持つ 2 分木の深さの最大値と最小値を求めよ．

【解説】

深さの最大値は道が 1 本の場合である．一方，深さが最小であるためには，ルートに近い各ノードから出る枝ができるだけ 2 本となるような木構造となる必要がある．

【解答】

深さの最大値は明らかに n である．

次に，深さの最小値を求める．深さを d とすると，例題 11.7 より，
$$2^{d-1}-1 < n \leqq 2^d - 1$$
が成立する．$2^{d-1} < n+1 \leqq 2^d$ であるから
$$d-1 < \log_2(n+1) \leqq d$$
となる．

したがって，求める深さは，およそ $\log_2(n+1)$ であることがわかる．

問 11.8 15 個のデータを 2 分木に登録する場合の深さの最大値と最小値を求めよ．

11.3 計算量

1 時間計算量

計算量（computational complexity）とは，計算の複雑さともいい，アルゴリズムに対する量的な尺度のことをいう．計算量には**領域計算量**と**時間計算量**とがあるが，以下では，より重要な時間計算量について説明する．

時間計算量は，処理対象となるデータ量またはデータのサイズを n とするとき，アルゴリズムの開始から終了までに要する時間を n の関数としてみたものである．同じ入力データで同じ結果を出力するプログラムでもアルゴリズムが異なれば時間計算量は異なる．一般には，時間計算量が小さいほどそのアルゴリズムは優れていると見なすことができる．

2 O 記法

n を自然数とする．2 つの関数 $F(n)$，$G(n)$ において，n がある自然数 n_0 以上のときに $F(n)$ が $G(n)$ の定数倍（c 倍）でおさえられるとき，すなわち，$F(n) \leqq cG(n)$ となるとき
$$F(n) = O(G(n))$$
と表す．これを関数 $F(n)$ の **O 記法**（O-notation）といい，「$F(n)$ が $G(n)$ の**オーダー**（order）以下である」と読む．O 記法を述語論理で正確に表現すると，
$$\exists c > 0 \, \exists n_0 > 0 \, \forall n > n_0 (F(n) \leqq cG(n))$$
となる．ここで，$\forall x > 0 \, \mathrm{P}(x)$ は $\forall x(x > 0 \to \mathrm{P}(x))$ の省略形であり，また，$\exists x > 0 \, \mathrm{P}(x)$ は $\exists x(x > 0 \wedge \mathrm{P}(x))$ の省略形である．

この O 記法は，時間計算量 $F(n)$ における上限を示すものである．上限関数 $G(n)$ としては，定数項や係数を無視して，n，n^c，c^n などを用いる．

一般に，以下が成立する．ただし，n は十分大きいとする．

$$O(1) < O(\log_2 n) < O(n) < O(n \log_2 n) < O(n^c) < O(c^n)$$

例題 11.9

次の関数を O 記法で表せ．

1) $F_1(n) = 5n+2$ 2) $F_2(n) = n\log_2 n + 4n$

【解説】

  O 記法は，上限を求めるものなので，項のうちで最大となるものを採用する．

【解答】

  1) $F_1(n) = O(n)$ 2) $F_2(n) = O(n\log_2 n)$

問 11.9 次の関数を O 記法で表せ．

  1) $F_3(n) = 5n^2 + 2n$ 2) $F_4(n) = 2^n + 3n$

3 計算量の計算例

簡単なアルゴリズムを用いて，計算量を計算してみよう．

例題 11.10

右図は，「自然数 n を入力し，1 から n までの和を求めるアルゴリズム」である．このアルゴリズムの時間計算量 $F(n)$ の O 記法を求めよ．

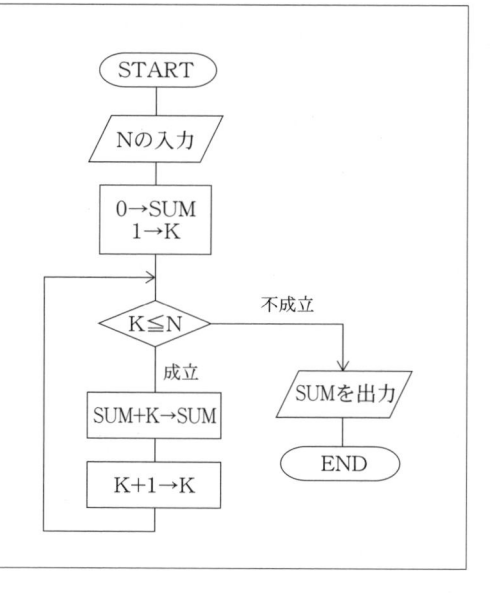

【解説】

  アルゴリズム内の各処理の実行回数は，以下の通りである．

   Nの入力   …   1回

   $0 \to \text{SUM}$ …   1回

   $1 \to \text{K}$ …   1回

   （条件）K≦N   … $(n+1)$ 回

   $\text{SUM} + \text{K} \to \text{SUM}$ … n 回

   $\text{K} + 1 \to \text{K}$ … n 回

   SUM を出力   …   1回

【解答】
各処理の実行回数は解説の通りで，回数を合計すると $3n+5$ となる．したがって，
$$F(n) = 3n+5 = O(n)$$

【注】このような問題では，各処理に要する時間は n と無関係なので考える必要はない．仮に，各処理に要する時間の最大値を c としても，係数や定数項は無視するので，
$$F(n) = (3n+5) \times c = O(n)$$
となるからである．

問 11.10 右図は，「配列 A に登録された n 件のデータの和を求めるアルゴリズム」である．このアルゴリズムの時間計算量の O 記法を求めよ．

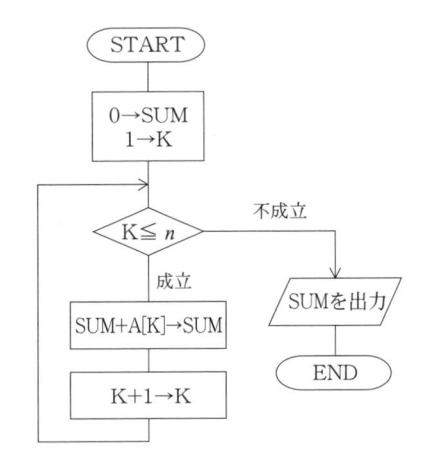

11.4 データ探索と計算量

1 順次探索と 2 分探索

大量のデータの中から特定のデータを見つけだす処理を**データ探索**という．データ探索にはいろいろなアルゴリズムがある．これはデータ構造にも依存する．すなわち，データ群が配列に登録されているか，木構造に登録されているかによってアルゴリズムも異なってくる．

以下では，n 件のデータが配列 A に登録されている場合のみを扱う．特定のデータ X が配列 A の何番目に登録されているかを調べるアルゴリズムとしては，順次探索と 2 分探索がある．

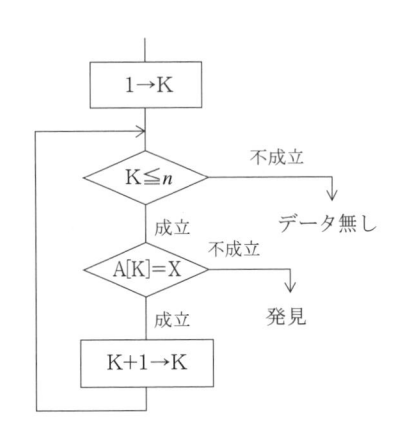

図 11.10 順次探索のアルゴリズム

1) 順次探索

順次探索（sequential search）とは，配列の先頭から順に調べていく方法であり，**逐次探索**ともいう．順次探索のアルゴリズムを**図 11.10** に示す．n 回の繰り返しが用いられているが，デー

タを見つけた場合には，途中で終了する．そのため，実際の繰り返し回数は高々 n 回である．したがって，最大の時間計算量 $F(n)$ は

$$F(n) = O(n)$$

となる．

2) 2分探索

2分探索（binary search）は，データの探索範囲を $\frac{1}{2}$, $\frac{1}{4}$, $\frac{1}{8}$, …と狭めていくところからその名が付いている．ただし，2分探索では，データ群が**昇順**（小さい順）または**降順**（大きい順）になっていることが必須条件である．以下では，昇順となっているとして話を進める．

まず，データの探索範囲（を表す配列の添え字）を L～H とする．L が下限，H が上限である．L>H のときは，探索すべきデータが存在しないので，繰り返しを終了する．この場合は，データ X は存在しないことになる．

L≦H の場合は，まず，範囲の中央 M を求める（(L+H)/2→M）．

次に，A[M] と X を比較する．

a) A[M]=X のとき，
X が見つかったことになるので処理を終える．

b) A[M]>X のとき，
右半分にはデータ X は存在しない（データ群が昇順であったことに注意）ので，M−1→H として探索範囲を半分にし，繰り返しの先頭に戻る．

c) A[M]<X のとき，
左半分にはデータ X は存在しないので，M+1→L として繰り返しの先頭に戻る．

以上のアルゴリズムを流れ図で表したのが，**図11.11** である．また，上記 b), c) の処理を**図11.12** に示す．

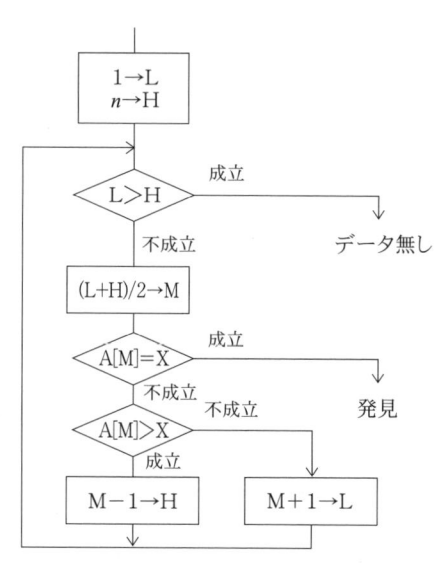

図11.11 2分探索のアルゴリズム

b) A[M]>X の場合

c) A[M]<X の場合

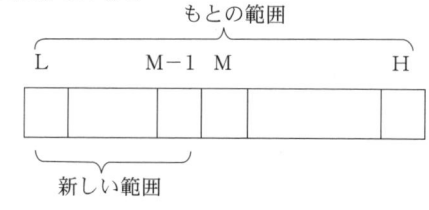

図11.12 新しい範囲の決定

例題 11.11

2分探索について，以下の問に答えよ．

1) 以下の7件のデータが配列Aに登録されている．

$$-10, \ -7, \ -6, \ 1, \ 5, \ 8, \ 12$$

データ5を発見するまでに，条件 A[M]=X は何回実行されるか．

2) 一般に，データ件数 n が $n=2^d-1$ 件のとき，条件 A[M]=X は最大何回実行されるか．

【解説】

1) 最初の中央の値は1である．A[M]<X となるので，−10から1までは除外され，次の探索範囲は 5, 8, 12 となる．

2) 2分探索の状況は，最初の中央の値をルートとする2分木で表現することができる．1)の場合の例を図 11.13 に示す．一般に，データ件数 n が $n=2^d-1$ のときは，深さが d の2分木となる．

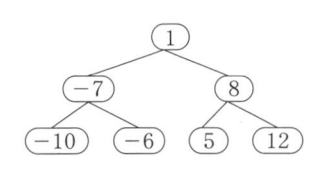

図 11.13 2分探索の状況

【解答】

1) 3回　　　2) 最大 d 回

この例題から明らかなように，2分探索における最大の時間計算量 $F(n)$ は

$$F(n) = O(\log_2 n)$$

となる．

したがって，順次探索に比べると，2分探索のほうが効率がよい．実際，例えば，データ件数が 10000 件の場合を考えてみよう．順次探索であれば，比較回数は最大で 10000 回，平均でも 5000 回必要である．それに対し，2分探索であれば，

$$\log_2 10^4 = \frac{\log_{10} 10^4}{\log_{10} 2} = \frac{4}{0.301} = 13.289\cdots$$

であるから，最大でも約 14 回の比較ですんでしまう．

問 11.11 以下の 15 件のデータが配列 A に登録されている．

$$-10, \ -7, \ -6, \ 1, \ 5, \ 8, \ 12, \ 23, \ 30, \ 35, \ 41, \ 42, \ 49, \ 52, \ 60$$

このとき，2分探索でデータ 41 を発見するまでに，条件 A[M]=X は何回実行されるか．

第11章のまとめ

1) 2進数の1桁を ____a)____ という．

2) 実数型データは，$\pm M \times 16^e$ または $\pm M \times 2^e$ という形式で表現されるが，ここで，Mを ____b)____ という．

3) 木構造において，データの登録部分を ____c)____ という．そのうち，最上位にあるものを ____d)____ という．

4) 枝の数が常に2以下となる木構造を ____e)____ という．

5) ____f)____ は，処理対象となるデータ量またはデータのサイズを n とするとき，アルゴリズムの開始から終了までに要する時間を n の関数としてみたものである．

6) $\exists c > 0 \exists n_0 > 0 \forall n > n_0 (F(n) \leqq cG(n))$ が成立するとき，$F(n) = O(G(n))$ と書く．これを関数 $F(n)$ の ____g)____ という．

7) データ探索のうち，データを先頭から順に調べる方法を ____h)____，データの範囲を半分ずつにしていく方法を ____i)____ という．

練習問題 11

【1】 10 進数の 0.1 を 2 進数に変換すると，無限小数になることを示せ．

【2】 ノード数が 4 である 2 分木の形をすべて図示せよ．

【3】 以下の算術式を算術木で表せ．
1) $(a*b-c)*d$
2) $(a+b)*(c/d-e)$

【4】 右の流れ図は，配列 A 内の n 件のデータを昇順に並べ替えるバブルソートというアルゴリズムである．小さなデータが泡 (バブル) のように次第に浮かび上がってくることからこの名が付いた．

バブルソートの最大の時間計算量 $F(n)$ を O 記法で表せ．
(ヒント：二重の繰り返しである．外側の繰り返しは
$$k = 1, 2, \cdots, n-1$$
という $n-1$ 回の繰り返しであるが，内側の繰り返しは
$$j = n-1, n-2, \cdots, k$$
という $n-k$ 回の繰り返しである．)

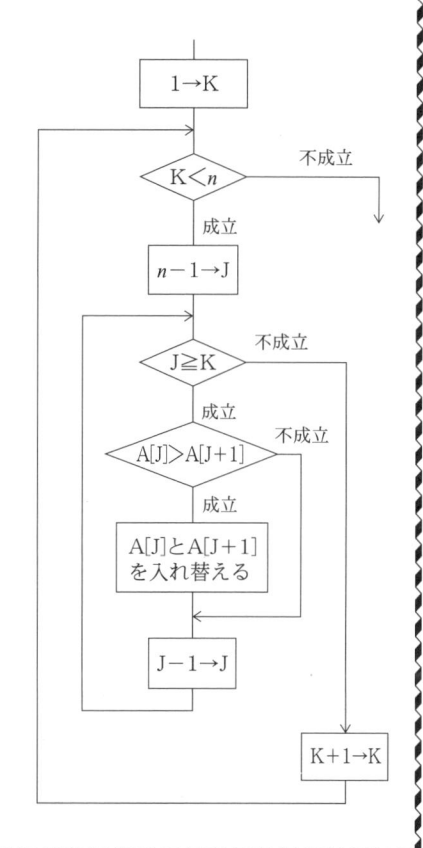

第12章　述語論理と論理プログラム

> 第3章で述べた述語論理の部分集合は，プログラムとみなすことができます．その（論理）プログラムは質問応答システムなどに応用できます．この章では，論理プログラムの基本について解説します．

12.1　述語論理の復習

1　述語

第3章で述べたように，述語論理では基本命題を述語で表現する．述語は，

$$p(t_1, t_2, \cdots, t_n)$$

の形式である．ここで，pは述語名，$t_1, t_2, \cdots, t_n$ は項である．項としては，定数，変数，関数などがある．

2　量化子

量化子には，全称記号 $\forall$ と存在記号 $\exists$ がある．これらは変数とともに，述語の前に記述する．例えば，$\forall x\,p(x)$ や $\exists x\,p(x)$ のように記述する．$\forall x\,p(x)$ は「すべての x に対し $p(x)$ である」ことを意味し，$\exists x\,p(x)$ は「$p(x)$ となる x が存在する」ことを意味する．

12.2　冠頭標準形

1　冠頭標準形とは

述語論理の論理式は，**冠頭標準形**（prenex normal form）という標準形に変形できる．冠頭標準形の論理式では，すべての量化子が左端に来る．すなわち，冠頭標準形とは，

$$Q_1\,x_1\,Q_2\,x_2\,\cdots\,Q_n\,x_n\quad M$$

という形式である．ここで，$Q_1, Q_2, \cdots, Q_n$ は量化子である．なお，Mは量化子を全く含まない論理式であり，**母式**（matrix）という．冠頭標準形における母式は，論理積標準形または論理和標準形にする．

例えば，$\forall x\exists y(\sim p(x,y)\vee q(x,y))$ は量化子がすべて左端にあるので冠頭標準形であるが，$\sim\forall x\,(r(x)\wedge\exists y\,s(x,y))$ は冠頭標準形ではない．

2　冠頭標準形への変形手順

論理式を冠頭標準形に変形する手続きを**図12.1**に示す．図12.1では，第3章で述べた変形公

式（図 3.1, 図 3.2, 図 3.3 参照）を用いる.

---

1) 同値の演算子 ↔ がある場合，図 3.1 の公式 1
$$P \leftrightarrow Q = (P \rightarrow Q) \land (Q \rightarrow P)$$
を用いて，↔ を除去する.

2) 含意の演算子 → がある場合，図 3.1 の公式 2
$$P \rightarrow Q = \sim P \lor Q$$
を用いて，→ を除去する．

3) ド・モルガンの法則
$$\sim (P \lor Q) = \sim P \land \sim Q$$
$$\sim (P \land Q) = \sim P \lor \sim Q$$
$$\sim \forall x\, P[x] = \exists x \sim P[x]$$
$$\sim \exists x\, P[x] = \forall x \sim P[x]$$
を用いて，否定の演算子 ～ をアトムの直前に移動させる．

4) 二重否定の法則
$$\sim (\sim P) = P$$
を用いて，否定の演算子 ～ を除去する．

5) 必要があれば，変数名を変更する．

6) 量化子が左に来るように図 3.2 または図 3.3 の公式 12, 13, 15, 16, 17 を用いる.

図 12.1 冠頭標準形への変形手続き

例題 12.1

以下の論理式を冠頭標準形に変形せよ．

1) $\sim \forall x\, (p(x) \rightarrow q(x))$ 2) $\sim \exists x\, (p(x) \land \forall y\, q(x, y))$

【解説】

1), 2) 共に，否定の演算子 ～ が左端にあるので，ド・モルガンの法則を用いて，量化子を左端に移動させる必要がある．

【解答】

1) 与式 $= \sim \forall x\, (\sim p(x) \lor q(x))$
$ = \exists x \sim (\sim p(x) \lor q(x))$
$ = \exists x\, (p(x) \land \sim q(x))$

2) 与式 $= \forall x \sim (p(x) \land \forall y\, q(x, y))$
$ = \forall x\, (\sim p(x) \lor \sim \forall y\, q(x, y))$
$ = \forall x\, (\sim p(x) \lor \exists y \sim q(x, y))$
$ = \forall x \exists y\, (\sim p(x) \lor \sim q(x, y))$

問 12.1 以下の論理式を冠頭標準形に変形せよ．

1) $\forall x\, (p(x) \rightarrow \exists y\, q(x, y))$

2)　$\sim (\forall x\, p(x) \to \exists y\, q(y))$

例題 12.2

以下の命題の否定を冠頭標準形に変形せよ．
1)　$\exists y \forall x\, p(x, y)$
2)　$\forall x\, (\exists y\, p(x, y) \to q(x))$

【解説】
　　まず，与えられた論理式を否定する．すなわち，左端に否定の演算子を付ける．そののち，図 12.1 に示された手順で冠頭標準形に変形する．

【解答】
1)　与式の否定　$= \sim \exists y \forall x\, p(x, y)$
　　　　　　　　$= \forall y \sim \forall x\, p(x, y)$
　　　　　　　　$= \forall y \exists x \sim p(x, y)$

2)　与式の否定　$= \sim \forall x\, (\exists y\, p(x, y) \to q(x))$
　　　　　　　　$= \sim \forall x\, (\sim \exists y\, p(x, y) \vee q(x))$
　　　　　　　　$= \exists x \sim (\sim \exists y\, p(x, y) \vee q(x))$
　　　　　　　　$= \exists x\, (\sim \sim \exists y\, p(x, y) \wedge \sim q(x))$
　　　　　　　　$= \exists x\, (\exists y\, p(x, y) \wedge \sim q(x))$
　　　　　　　　$= \exists x \exists y\, (p(x, y) \wedge \sim q(x))$

問 12.2　以下の命題の否定を冠頭標準形に変形せよ．
1)　$\forall x\, (p(x) \to \sim q(x, x))$　　　2)　$\exists x\, (\forall y\, p(x, y) \wedge q(x))$

12.3　スコーレム関数と節集合

1　スコーレム関数

以下では，論理式は冠頭標準形になっているとする．

　冠頭標準形の論理式に存在記号がある場合，その存在記号はスコーレム関数を用いて消去することができる．例えば，
$$\forall x \forall y \exists z \forall u\, p(x, y, z, u)$$
という論理式を考えてみよう．この論理式の中では，変数 z は存在記号で束縛されている．この z の左側には，全称記号と共に使われている変数 x と y がある．このような場合，変数 z は変数 x と y に依存して決まる．すなわち，z は x と y の関数とみなすことができる．そこで，関数を f とすると，z は $f(x, y)$ となるので，$\exists z$ を消去して，
$$\forall x \forall y \forall u\, p(x, y, f(x, y), u)$$

と表すことができる．このように，存在記号を消去するために導入された関数を**スコーレム関数**（Skolem function）という．変数 z は右側に記述された変数 u には依存していないことに注意しよう．

なお，存在記号の左側に全称記号が全く記述されていない場合，その存在記号で束縛されている変数を定数に置き換えて存在記号を消去することができる．例えば，

$$\exists x \forall y \forall z \, \mathrm{p}(x, y, z)$$

という論理式の場合，変数 x を定数 a に置き換えて，

$$\forall y \forall z \, \mathrm{p}(a, y, z)$$

と記述することができる．

例題 12.3

スコーレム関数を用いて，以下の論理式から存在記号を消去せよ．

1) $\exists y \forall x \, \mathrm{p}(x, y)$　　2) $\forall x \exists y \, (\sim\!\mathrm{p}(x, y) \lor \mathrm{q}(x))$

【解説】

1) の変数 y は定数に置き換える．2) の変数 y は x に依存するのでスコーレム関数で置き換える．定数や関数記号は，変数以外の文字であれば何でもよい．

【解答】

1) 変数 y を定数 a に置き換えて，$\forall x \, \mathrm{p}(x, a)$
2) 変数 y を x の関数 $f(x)$ に置き換えて，$\forall x \, (\sim\!\mathrm{p}(x, f(x)) \lor \mathrm{q}(x))$

問 12.3　スコーレム関数を用いて，以下の論理式から存在記号を消去せよ．

1) $\exists x \forall y \, \mathrm{p}(x, y)$　　2) $\forall x \forall y \exists z \, (\mathrm{p}(x, y) \land \sim\!\mathrm{q}(x, z))$

2　節集合

冠頭標準形の論理式は，スコーレム関数を用いて存在記号をすべて消去することができる．その結果，

$$\forall x_1 \forall x_2 \cdots \forall x_n \, \mathrm{M}$$

という形式となる．ここで，M は母式であり，論理積標準形になっているとする．

次に，全称記号をすべて消去する．母式 M に含まれる変数はすべて全称記号で束縛されていることがわかっているので，全称記号はなくても困らない．また，母式 M は論理積標準形であるから，

$$\mathrm{M} = \mathrm{C}_1 \land \mathrm{C}_2 \land \cdots \land \mathrm{C}_n$$

という形式である．ここで，各 C_k に含まれる論理演算子は，否定と論理和だけである．このとき，各 C_k を**節**（clause）と呼び，もとの論理式は，

$$S = \{\mathrm{C}_1, \ \mathrm{C}_2, \ \cdots, \ \mathrm{C}_n\}$$

と集合の形で表す．この集合 S をもとの論理式の**節集合**（set of clauses）と呼ぶ．

なお，以下では，変数と定数との違いを明らかにするために，節集合においては変数は大文字で表すことにする．

例題 12.4

次の論理式の節集合 S を求めよ．
1) $\exists y \forall x\ (p(x) \land q(x, y))$
2) $\forall x \exists y\ (p(x, y) \lor q(x, y))$

【解説】
　節集合を求めるには，まず，スコーレム関数を用いて存在記号を全て消去する．1) の y は定数 a に，2) の y は $f(x)$ に置き換える．次に，全称記号を消去したのち，母式内の変数を大文字で表す．

【解答】
1) まず，変数 y を定数 a に置き換えて，$\forall x\ (p(x) \land q(x, a))$ とする．次に，全称記号を消去する．その結果，節集合 S $= \{p(X),\ q(X, a)\}$ が得られる．
2) まず，変数 y を x の関数 $f(x)$ に置き換えて，$\forall x\ (p(x, f(x)) \lor q(x, f(x)))$ とする．次に，全称記号を消去する．その結果，節集合 S $= \{p(X, f(X)) \lor q(X, f(X))\}$ が得られる．

問 12.4 次の論理式の節集合 S を求めよ．
1) $\exists x \forall y \exists z\ (p(x, y) \land q(y, z))$
2) $\forall x \exists y \forall z\ (\sim p(x, y) \lor q(x, y, z))$

12.4 導出原理と論理プログラム

1 単一化

単一化 (unification) とは，2 つの述語を全く同じ形式にすることである．そのためには，2 つの述語が同じ述語名を持ち，項数が等しくなければならない．

例えば，次の 2 つの述語を考えてみよう．

$$p(X, f(X))$$
$$p(a, Y)$$

両者は，同じ述語名 p を持ち，項数も共に 2 である．そこで，まず，第 1 引数を単一化する．これは X $= a$ とすればよい．次に，第 2 引数を単一化する．今，X $= a$ であったから，Y $= f(a)$ とすればよい．すなわち，単一化は成功し，その結果，もとの 2 つの述語は，

$$p(a, f(a))$$

となる．

単一化は成功するとは限らないが，単一化が成功すると，上の例のように変数に値が設定されることがある．

例題 12.5

次の述語を単一化せよ．その結果，各変数にはどのような値が設定されるか．

1) $p(a, X, f(b))$ と $p(Y, Y, Z)$

2) $q(X, g(Y))$ と $q(a, g(b))$

【解説】　　述語名と項数は等しいので，各項ごとに単一化を行う．

【解答】

1) $X = a, Y = a, Z = f(b)$ により，$p(a, a, f(b))$ となる．

2) $X = a, Y = b$ により，$q(a, g(b))$ となる．

問 12.5 次の述語を単一化せよ．その結果，各変数にはどのような値が設定されるか．

1) $p(f(X), X)$ と $p(Y, a)$　　2) $q(a, X, g(X))$ と $q(a, g(b), Y)$

2 導出形

2つの節 C_1，C_2 が以下の形式で与えられているとする．すなわち，

$C_1 : L \vee C_1'$

$C_2 : \sim L \vee C_2'$

とする．このとき，新たな節として

$C_3 : C_1' \vee C_2'$

を導き出すことができる．この C_3 は**導出形** (resolvent) と呼ばれる．これは推論の一つであり，もちろん，C_1 と C_2 が真のときは導出される C_3 も真である．その理由は以下の通りである．

a)　L が真のとき

$\sim L$ は偽である．しかし，C_2 は真なので，C_2' は真でなければならない．

したがって，C_3 は真となる．

b)　L が偽のとき

C_1 が真なので，C_1' は真でなければならない．

したがって，C_3 は真である．

以上，a)，b) より，C_1 と C_2 が真のときは C_3 も真である．

例題 12.6

次の2つの節から新たな節を導出せよ．

1) $p \vee q$ と $\sim p \vee r$　　2) $\sim p$ と $p \vee \sim q$

【解説】　　いずれの場合も $L = p$ である．2) においては，$\sim p = \sim p \vee \square$ と考えよ．$\square$ は，矛盾

式（恒偽式）である．

【解答】
1) $L = p$ と考えると，$L \vee q$ と $\sim L \vee r$ となるので，$q \vee r$ が得られる．
2) $L = p$ と考えると，$\sim L \vee \square$ と $L \vee \sim q$ となるので，$\square \vee \sim q = \sim q$ が得られる．

問 12.6 次の 2 つの節から新たな節を導出せよ．
1) $p \vee q \vee r$ と $\sim p \vee r \vee s$ （ヒント：$L = p$ と考える）
2) $\sim p$ と $p \vee \sim q \vee r$ （ヒント：$L = p$ と考える）

もっとも，述語論理においては，単一化が利用できる．今，2 つの節 C_1, C_2 が以下の形式であるとする．すなわち，

$C_1 : L_1 \vee C_1'$
$C_2 : \sim L_2 \vee C_2'$

とする．L_1 と L_2 が L に単一化可能であれば，

$C_1 : L \vee C_1''$
$C_2 : \sim L \vee C_2''$

となる．ここで，C_1'' と C_2'' は，単一化によって，C_1', C_2' が変化したものである．このとき，新たな節として，

$C_3 : C_1'' \vee C_2''$

を導き出すことができる．このように単一化を用いる場合でも，C_1 と C_2 が真のときは導出される C_3 も真である．

例題 12.7

次の 2 つの節から新たな節を導出せよ．
1) $p(X) \vee q(X)$ と $\sim p(a) \vee r(Y)$
2) $\sim p(a, X)$ と $p(Y, b) \vee \sim q(Y, c)$

【解説】
1) においては，$p(X)$ と $p(a)$ を単一化する．2) では，$p(a, X)$ と $p(Y, b)$ を単一化する．

【解答】
1) $p(X)$ と $p(a)$ は $X = a$ により $p(a)$ に単一化できるので，これを L とする．$L \vee q(a)$ と $\sim L \vee r(Y)$ となるので，$q(a) \vee r(Y)$ が得られる．
2) $p(a, X)$ と $p(Y, b)$ は $X = b$, $Y = a$ により $p(a, b)$ に単一化できるので，これを L とする．$\sim L$ と $L \vee \sim q(a, c)$ となるので，$\sim q(a, c)$ が得られる．

問 12.7 次の 2 つの節から新たな節を導出せよ．
1) $p(X) \vee q(X) \vee r(X)$ と $\sim p(a) \vee r(a) \vee s(a)$
2) $\sim p(a, b)$ と $p(X, Y) \vee \sim q(X, Y) \vee r(X, Y)$

3 導出原理

節集合は（論理）プログラムとみなすことができる．論理プログラムの実行は，背理法による証明法に基づいている．すなわち，証明したい命題Pの否定∼Pを節集合Sに加え矛盾を導き出す．例えば，節集合Sを

$$S = \{C_1, C_2, \cdots, C_n\}$$

とするとき，

$$S' = \{C_1, C_2, \cdots, C_n, \sim P\}$$

において矛盾を導き出し，命題Pを証明する．S′において矛盾が生じるとき，S′は**充足不能**（unsatisfiable）であるという．

この証明の際，上に述べた推論のみを用いて矛盾を導き出すことができる．この証明法を**導出原理**（resolution principle）という．導出原理は機械的に定理を証明するのに適している．

例題 12.8

節集合Sを，

$$S = \{p \lor q, \sim p \lor r, \sim q \lor r\}$$

とするとき，導出原理を用いて，rとなることを証明せよ．

【解説】
　　証明すべき命題rの否定∼rを節集合Sに加え，矛盾を導き出せればよい．

【解答】
　　$S' = \{p \lor q, \sim p \lor r, \sim q \lor r, \sim r\}$である．
　　まず，$p \lor q$と$\sim p \lor r$より，$q \lor r$が導出できる．
　　また，$\sim q \lor r$と今導出した$q \lor r$より，rが導出できる．
　　最後に，rと∼rで矛盾となる．
　　したがって，rである．

この証明過程は木構造で表すことができる．**図12.2**に証明木を示す．図では，矛盾をφで示している．もっとも証明手順は一通りではない．**図12.3**に上の例題に対する別の証明木を示す．

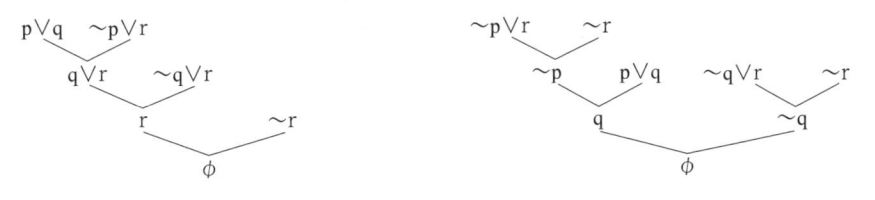

```
  p∨q   ~p∨r                    ~p∨r    ~r
    \   /                          \    /
    q∨r   ~q∨r              ~p   p∨q   ~q∨r   ~r
      \   /                    \  /      \    /
        r      ~r                 q        ~q
         \    /                    \      /
           φ                         φ
```

　　図 12.2 証明木(1)　　　　　**図 12.3** 証明木(2)

問 12.8 節集合Sを，

$$S = \{p \lor \sim q, \sim p \lor r, q \lor r\}$$

とするとき，導出原理を用いて，r となることを証明せよ．

例題 12.9

節集合 S を，
$$S = \{p(a),\ \sim p(X) \lor q(X)\}$$
とするとき，導出原理を用いて，q(a) となることを証明せよ．

【解説】　節集合には $\sim q(a)$ を含める．また，変数を含んでいるので，単一化が必要である．

【解答】　$S' = \{p(a),\ \sim p(X) \lor q(X),\ \sim q(a)\}$ である．まず，$\sim q(a)$ と $\sim p(X) \lor q(X)$ において $X = a$ とすることにより，$\sim p(a)$ が導出できる．次に，$\sim p(a)$ と $p(a)$ により，矛盾となる．したがって，q(a) である．

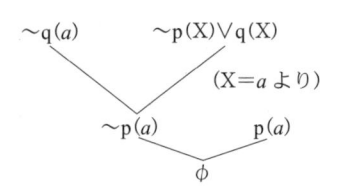

図 12.4　証明木(3)

【注】　この推論は，
$$p(a),\ \forall x\,(p(x) \to q(x)) \vdash q(a)$$
という三段論法の導出原理版である．

問 12.9　節集合 S を，
$$S = \{p(a),\ \sim p(X) \lor q(f(X))\}$$
とするとき，導出原理を用いて，$q(f(a))$ となることを証明せよ．

4　論理プログラムの応用

導出原理は質問応答システムに応用できる．実際，論理プログラム（すなわち節集合内の各節）がデータベースまたは知識ベースに登録されているとき，導出原理を用いて，質問に答えることができる．

質問の形式は，以下の 2 通りである．

Q1)　命題 p が成立するか．

Q2)　p(X) となる X が存在するか．

Q1) に対する答は yes か no であるが，一方，Q2) に対する答は，X が存在すればその値となる．

例題 12.10

次の各問に答えよ．

1)　次の 2 つの命題を節形式に変換せよ．

　　F1：「太郎は果物が好きである．」

　　F2：「リンゴは果物である．」

2)　上の F1 と F2 が知識ベースに登録されているとするとき，導出原理を用いて，次の質問に答えよ．

質問:「太郎は何が好きか.」

【解説】

「X は Y が好きである.」を like(X, Y),「X は果物である.」を fruit(X) と表すことにすると,

    F1:$\forall X$ (fruit(X) → like(太郎, X))
    F2:fruit(リンゴ)

となる.また,質問は,

    $\exists Y$ like(太郎, Y)

と表すことができる.導出原理では,節集合には質問の否定を加えるので,

    $\sim$like(太郎, Y)

を追加することになる.

【注】 $\sim \exists Y$ like(太郎, Y) = $\forall Y \sim$like(太郎, Y)

```
fruit(リンゴ)    ~fruit(X)∨like(太郎, X)
         \         /
          \       /  (X=リンゴより)
      like(太郎, リンゴ)    ~like(太郎, Y)
                \         /
                 \       /  (Y=リンゴより)
                    φ
```

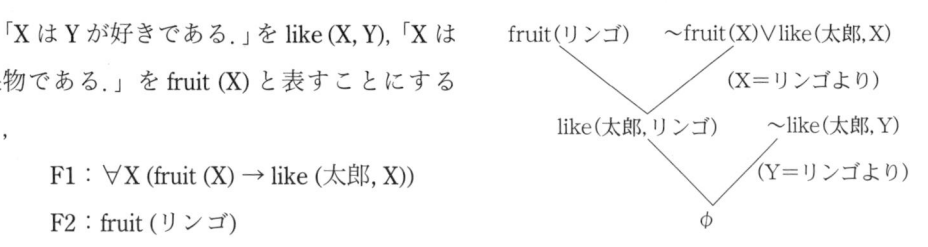

図 12.5 証明木(4)

【解答】

1)   F1:$\sim$fruit(X)∨like(太郎, X)
    F2:fruit(リンゴ)

2)   推論過程を図 12.5 に示す.
    この結果,質問内にある変数 Y の値「リンゴ」が出力される.

問 12.10 次の各問に答えよ.

1) 次の 2 つの命題を節形式に変換せよ.

    F1:「花子は野菜が好きである.」
    F2:「キュウリは野菜である.」

2) 上の F1 と F2 が知識ベースに登録されているとするとき,導出原理を用いて,次の質問に答えよ.

    質問:「花子は何が好きか.」

5 Prolog

Prolog とは,述語論理を基盤として開発された人工知能用プログラム言語である.その名前は,Program in Logic から取られている.Prolog のプログラムの実行は,導出原理に基づいているが,Prolog では**ホーン節**(Horn clause)と呼ばれる制限された節のみを用いる.ホーン節とは,以下の形式の節である.

a)   L
b) $\sim L_1 \vee \sim L_2 \vee \cdots \vee \sim L_n \vee L$
c) $\sim L_1 \vee \sim L_2 \vee \cdots \vee \sim L_n$

ここで，LやL$_k$ ($k = 1, 2, \cdots, n$) は述語である．述語に否定演算子がついたものを**負リテラル**，述語に否定演算子のついていないものを**正リテラル**というが，この用語を用いると，ホーン節とは，正リテラルが1個以下の節のことである．

これらホーン節をProlog形式で表現すると，

  a')   L.

  b')   L :- L$_1$, L$_2$, $\cdots$, L$_n$.

  c')   L$_1$, L$_2$, $\cdots$, L$_n$.

となる．a')を事実（fact），b')を規則（rule），c')を質問（question）という．Prologでは，事実と規則で論理プログラムを構成する．質問はその実行である．なお，Prologにおける節の最後には，ピリオドをつけなければならないことになっている．

例題 12.11

次のホーン節をPrologで表現せよ．

1) 〜fruit (X)∨like (太郎, X)
2) 〜親 (X, Y)∨〜父親 (Y, Z)∨祖父 (X, Z)

【解説】

  2) は，「YがXの親で，ZがYの父親ならば，ZはXの祖父である」ことを意味している．

【解答】

  1) like (太郎, X) :- fruit (X).

  2) 祖父 (X, Z) :- 親 (X, Y), 父親 (Y, Z).

問 12.11 次のホーン節をPrologで表現せよ．

  1) 〜野菜 (X)∨like (花子, X)   2) 〜親 (X, Y)∨〜兄弟 (Y, Z)∨叔父 (X, Z)

第12章のまとめ

1) 量子化がすべて左に置かれている論理式の形式を[a)]標準形であるという．また，そのとき，量子化以外の部分を[b)]という．
2) [c)]関数を用いると，存在記号を除去できる．
3) 否定と論理和のみで構成される論理式を[d)]という．
4) 2つの述語を全く同じ形式にすることを[e)]という．
5) 2つの節

     $C_1 : L \lor C_1'$

     $C_2 : \sim L \lor C_2'$

から
$$C_3 : C_1' \vee C_2'$$
を導き出す推論において，導出される C_3 を ┃ f) ┃ という．

6) 5)の推論のみを用いて矛盾を導き出す方法を ┃ g) ┃ という．
7) 人工知能用プログラム言語 ┃ h) ┃ において用いられる節は，┃ i) ┃ と呼ばれる．

練習問題 12

【1】 以下の論理式を冠頭標準形に変形せよ．
　1) $\sim(\forall x \exists y\, p(x,y)) \vee \forall z\, q(z)$
　2) $\sim(\forall x \exists y\, p(x,y) \vee \forall z\, q(z))$

【2】 スコーレム関数を用いて，次の論理式から存在記号を除去せよ．
　1) $\exists x\, (p(x) \vee q(x))$
　2) $\exists x\, \exists y\, (p(x) \wedge q(x,y))$
　3) $\forall x \exists y\, (\sim p(x) \vee (q(x,y) \wedge r(x,y)))$

【3】 証明木を作成することにより，次の節集合 S が充足不能であることを示せ．
　$S = \{p(a),\ \sim p(X) \vee q(X),\ \sim q(Y) \vee r(Y),\ \sim r(Z) \vee s(Z),\ \sim s(U)\}$

【4】 適当な述語を用いることにより，次の命題を Prolog の規則で表現せよ．
　1) 太郎は緑色の野菜が好きである．
　2) 親の兄弟の子供は従兄弟である．
　3) 親の祖先は自分の祖先である．
　4) 子供の子供は孫である．
　5) 子供の子孫は自分の子孫である．

補講　更に学習を進めるために

> これまで，ソフトウェアを理解するために必要な数学について説明してきましたが，これですべてというわけではもちろんありません．以下にもう少し進んだ内容について解説しておきます．これらは，プログラム理論や人工知能などで必要となる数学です．この先，更に勉強する際の参考にしてください．

補.1　各種証明の妥当性

1　仮定を含む形式的証明

$p \vdash q$ となるとき，$\vdash p \to q$ となる．すなわち，p を仮定して q が証明できるとき，何も仮定しないで $p \to q$ が証明できる．これが演繹定理の内容である．

この演繹定理はもっと一般に複数の仮定を持つ場合に拡張できる．すなわち，

$$p_1, p_2, \cdots, p_m \vdash q \quad \text{のとき} \quad \vdash (p_1 \wedge p_2 \wedge \cdots \wedge p_m) \to q$$

または，

$$p_1, p_2, \cdots, p_m \vdash q \quad \text{のとき} \quad \vdash (p_1 \to (p_2 \to (\cdots \to (p_m \to q) \cdots)))$$

が成立する．

さて，このような仮定を含む場合の証明を形式的に定義を示しておこう．

定義

命題 $(p_1 \wedge p_2 \wedge \cdots \wedge p_m) \to q$ または $(p_1 \to (p_2 \to (\cdots \to (p_m \to q) \cdots)))$ の証明とは，命題 $P_1, P_2, \cdots, P_n$ の列である．ただし，$P_n = q$ であり，各 P_k は以下のいずれかの条件を満たすものとする．

1) P_k は公理である．
2) P_k はすでに証明されている定理である．
3) P_k は仮定 p_i（i は 1, 2, $\cdots$, m のいずれか）である．
4) P_k は $P_1, P_2, \cdots, P_{k-1}$ のうちのいくつかを用いて推論により導出された命題である．

2　場合分けによる証明

これは，例えば，命題 q を証明するのに，

1) $x < 0$ の場合
2) $x = 0$ の場合
3) $x > 0$ の場合

に分け，それぞれの場合について命題qが成立することを示す方法である．より形式的に言えば，$p_1 \vee p_2 \vee \cdots \vee p_n$ が常に真のとき，

$$p_1 \vdash q, \ p_2 \vdash q, \ \cdots, \ p_n \vdash q$$

を示すことによって，$\vdash q$ を示す方法である．ここで，$p_1, p_2, \cdots, p_n$ がそれぞれの場合を表している．

これは，$(p_1 \to q) \wedge (p_2 \to q) \wedge \cdots \wedge (p_n \to q)$ が $(p_1 \vee p_2 \vee \cdots \vee p_n) \to q$ と同値であることを用いた証明法である．実際，

$$p_1 \vdash q, \ p_2 \vdash q, \ \cdots, \ p_n \vdash q$$

であれば，

$$\vdash p_1 \to q, \ \vdash p_2 \to q, \ \cdots, \ \vdash p_n \to q$$

となるので，

$$\vdash (p_1 \to q) \wedge (p_2 \to q) \wedge \cdots \wedge (p_n \to q)$$

すなわち，

$$\vdash (p_1 \vee p_2 \vee \cdots \vee p_n) \to q$$

となる．ここで，条件より $p_1 \vee p_2 \vee \cdots \vee p_n$ は真だったので

$$\vdash q$$

が言えることになる．

場合分けによる証明においては，$p_1 \vee p_2 \vee \cdots \vee p_n$ が常に真である，すなわち場合分けがすべての場合を言い尽くしていることが重要である．また，一般に，$p_1, p_2, \cdots, p_n$ のうちいずれか一つのみが成立するように場合分けする．例えば，

1) $x \leqq 0$ の場合
2) $x \geqq 0$ の場合

のような場合分けはしない．この例では $x=0$ が重複しているので，$x=0$ が 1) にも 2) にも含まれてしまう．

問1 $(p_1 \to q) \wedge (p_2 \to q)$ が $(p_1 \vee p_2) \to q$ と同値であることを示せ．

3 背理法

背理法とは，証明すべき命題をqとするとき，「qの否定 $\sim q$ を仮定し，矛盾が生ずることを示すことによって，qである」ことを示す方法である．形式的には，$\sim q$ を仮定し，$\sim q \vdash p$，$\sim q \vdash \sim p$ を示す．そうすると，pと $\sim p$ が同時に成立する（矛盾する）ことになり，qでなければならないことになる．

実は，この背理法は，恒真式 $(\sim q \to p) \wedge (\sim q \to \sim p) \to q$ に基づく

$$(\sim q \to p), \ (\sim q \to \sim p) \vdash q$$

という推論を用いる証明法なのである．

問2 $(\sim q \to p) \wedge (\sim q \to \sim p) \to q$ が恒真式であることを示せ．

4 数学的帰納法

これは，証明すべき命題を $\forall n \mathrm{P}(n)$ とするとき，

$$\mathrm{P}(1) \land \forall k(\mathrm{P}(k) \to \mathrm{P}(k+1)) \to \forall n \mathrm{P}(n)$$

という自然数論の公理を用いた証明方法である．

公理 $\mathrm{P}(1) \land \forall k(\mathrm{P}(k) \to \mathrm{P}(k+1)) \to \forall n \mathrm{P}(n)$ の成立理由を以下に示す．

まず，$\forall k(\mathrm{P}(k) \to \mathrm{P}(k+1))$ が成立するということは，

2.1) $\mathrm{P}(1) \to \mathrm{P}(2)$

2.2) $\mathrm{P}(2) \to \mathrm{P}(3)$

...

2.n) $\mathrm{P}(n) \to \mathrm{P}(n+1)$

...

がすべて成立することを意味する．

そこで，

$$\mathrm{P}(1)$$

を示すことができれば，これと 2.1) より

$$\mathrm{P}(2)$$

が成立する．また，これと，2.2) より

$$\mathrm{P}(3)$$

が成立する．これを繰り返すと，すべての自然数 n に対し，

$$\mathrm{P}(n)$$

が成立することになる．

よって，

$$\forall n \mathrm{P}(n)$$

が成立する．

補.2 集合の濃度

1 対等

集合 A と集合 B は，A から B への全単射が存在するとき，**対等**（equipotent）であるといい，

$$\mathrm{A} \simeq \mathrm{B}$$

と表す．対等は，一種の同値関係であり，以下が成立する．

$\mathrm{A} \simeq \mathrm{A}$

$\mathrm{A} \simeq \mathrm{B} \ \to \ \mathrm{B} \simeq \mathrm{A}$

$$A \simeq B \ \land \ B \simeq C \ \rightarrow \ A \simeq C$$

$A \simeq B$ のときは，$|A|=|B|$ である．

例題 1

整数全体の集合を Z，偶数全体の集合を E とするとき，
$$Z \simeq E$$
となることを示せ．

【解答】

写像 $f: Z \to E$ を次のように定義すると，f は全単射となる．
$$f(x) = 2x$$

【注】 集合 E は集合 Z の真部分集合であるが，このように全単射が存在し，対等となる．これは，無限集合の場合だけに起きる現象である．有限集合では，真部分集合が元の集合と対等になることはあり得ない．

問3 自然数全体の集合を N，整数全体の集合を Z とするとき，
$$N \simeq Z$$
となることを示せ．ただし，N は 0 を含むものとする．(ヒント：問 6.6 の 2) を参考にせよ)

2 無限集合の濃度

すでに述べたように，集合 X の濃度とは，その集合に含まれる要素の個数のことであり，$|X|$ で表す．より形式的には，以下のようになる．

「自然数の集合 $\{1, 2, 3, \cdots, n\}$ と対等となる集合 X の濃度は n である．」

もっとも，これは，有限集合の場合である．無限集合の濃度は，有限集合の場合ほど簡単ではない．

例えば，自然数全体の集合 N の濃度 $|N|$ は，$\aleph_0$（**アレフゼロ**と読む）と記述する．では，整数の集合 Z や有理数の集合 Q の濃度はどうなるであろうか．$N \subset Z \subset Q$ であるから，自然数に比べれば，整数はもちろん有理数はもっと多く存在するように思われる．しかし，Z も Q も N と対等であることが示される．すなわち，
$$|N| = |Z| = |Q| = |N \times N| = \aleph_0$$
となるのである（証明は省略する）．

では，無限集合の濃度はすべて $\aleph_0$ なのだろうか．

実のところ，自然数の集合と実数の集合は対等ではない．実数全体の集合を R としたとき，
$$|N| = \aleph_0 < |R|$$
となる．R の濃度 $|R|$ は $\aleph$（**アレフ**）と表す．

3 対角線論法

$\aleph_0 < \aleph$ の証明に使われるのが，以下に示す「**対角線論法**」である．対角線論法は，第 4 章で述

べた背理法の一種である．

【$\aleph_0 < \aleph$ の証明】

実数全体の集合 R は集合 A＝$\{x | x \in R$ かつ $0<x<1\}$ と対等である（問 4）．

したがって，集合 A が N と対等であると仮定したときに矛盾が生じることを示す．

集合 A＝$\{x | 0<x<1\}$ が自然数の集合 N と対等であると仮定する．

そのとき，A の各要素は順序づけられるので，
$$A = \{x_1, x_2, \cdots, x_n, \cdots\}$$
と表される．

A の各要素は 0 より大きく 1 未満であるので，
$$x_1 = 0.a_{11}a_{12}\cdots a_{1m}\cdots$$
$$x_2 = 0.a_{21}a_{22}\cdots a_{2m}\cdots$$
$$\cdots$$
$$x_m = 0.a_{m1}a_{m2}\cdots a_{mm}\cdots$$
$$\cdots$$

と表現できる．ここで，a_{ij} は 0～9 のいずれかである．

今，以下の条件を満たす実数 y を考える．
$$y = 0.b_1b_2\cdots b_n\cdots$$
$$b_k = \begin{cases} 0 & (a_{kk}=9 \text{ のとき}) \\ a_{kk}+1 & (a_{kk}\neq 9 \text{ のとき}) \end{cases}$$

任意の k に対し，$b_k \neq a_{kk}$ であるから，$y \neq x_k$．すなわち，$y \notin A$．

一方，明らかに $0<y<1$ であるから，$y \in A$．

よって，矛盾である．

したがって，集合 A は N と対等ではない．

<証明終>

N⊂R であるから，$|N| \leq |R|$ であるが，上の証明より，$|N| \neq |R|$ が言えたので，
$$|N| < |R|$$

すなわち，
$$\aleph_0 < \aleph$$

となる．これは，無限集合の濃度が一通りではないことを示している．

問 4 実数全体の集合 R と集合 A＝$\{x | x \in R$ かつ $0<x<1\}$ が対等であることを示せ．

（ヒント：$f(x) = \pi x - \dfrac{\pi}{2}$ と $g(x) = \tan x$ の合成写像 $g \circ f$ を考える）

補.3 公理的集合論

1 ラッセルのパラドクス

本書では，集合を「ものの集まり」と定義した．しかし，漠然と「ものの集まり」とするのでは不都合なことがある．例えば，次のような「ものの集まり」について考えてみよう．

$$M = \{x | x \notin x\}$$

M は内包的に記述されており，集合のように思われる．しかし，これを集合とすると不都合が生じるのである．今，M を集合としよう．そのとき，M∈M か M∉M のどちらか一方が成立するはずである．明らかに両方が同時に成立することはない．

さて，M∈M と仮定しよう．そのとき，$M \in \{x | x \notin x\}$ であるから，M は条件 $x \notin x$ を満たす x のひとつである．すなわち，M∉M．これは矛盾である．

一方，M∉M と仮定しよう．そのとき，M は条件 $x \notin x$ を満たすので，$\{x | x \notin x\}$ に含まれる．すなわち，M∈M．これも矛盾である．

いずれにせよ不合理である．これを発見者ラッセルにちなんで，**ラッセルのパラドクス**という．この不合理性は，$M = \{x | x \notin x\}$ を集合とみなしたことからきている．すなわち，$M = \{x | x \notin x\}$ は集合ではないのであり，集合を単に「ものの集まり」とするわけにはいかない一つの例といえるのである．

2 公理的集合論の誕生

上記のようなパラドクスはほかにもいくつか見つかっている．既に集合論は数学の中で主要な位置を占めていたので，これらパラドクスの発見は集合論のみならず数学そのものの存在意義を脅かす結果となった．

実は，これらパラドクスはすべて集合の定義の不明瞭さからきている．それを解消しようとして多数の数学者が研究した結果，**公理的集合論**（axiomatic set theory，もしくは**公理論的集合論**ともいう）が誕生した．公理的集合論では，集合に関する公理を規定し，そこから得られるもののみを集合とする．すなわち，公理的集合論では，空集合を出発点として構成論的に集合を作り上げていく．上記の $M = \{x | x \notin x\}$ のようなものが導出されることはない．

以下に，集合に関する公理をいくつかあげておこう．

- 空集合公理 $\cdots$ $\exists x \forall y (y \notin x)$

  この公理を満たす x を空集合といい ϕ で表す．すなわち，$\forall y (y \notin \phi)$

- 外延性公理 $\cdots$ $\forall x \forall y \, [x = y \leftrightarrow \forall z (z \in x \leftrightarrow z \in y)]$

  この公理は，要素が同じ 2 つの集合 x, y は等しいことを表す．

このように，公理的集合論では，集合に関する公理を述語論理で記述する．したがって，公理的集合論を理解するためには，述語論理の知識が不可欠である．

補.4 数列の極限

1 極限の形式的定義

本文では，数列 $\{a_n\}$ の極限が α であることを $\lim_{n\to\infty} a_n = \alpha$ と表したが，これはあくまで略記法であり，各種証明には適していない．述語論理を用いた極限の正式な定義は

$$\forall \varepsilon > 0 \; \exists n_0 > 0 \; \forall n > n_0 \; (|a_n - \alpha| < \varepsilon)$$

である．ここで，$\forall \varepsilon > 0 \, \mathrm{P}$ は $\forall \varepsilon \, (\varepsilon > 0 \to \mathrm{P})$ の略記法であり，$\exists n_0 > 0 \, \mathrm{P}$ は $\exists n_0 (n_0 > 0 \land \mathrm{P})$ の略記法である．

上に述べた極限の正式な定義は，

「任意に（小さな）正数 ε を取ったとき，それに依存して自然数 n_0 が決まり，$n > n_0$ となるすべての自然数 n に対し，$|a_n - \alpha| < \varepsilon$ が成立する．」

ことを意味している．すなわち，α を中心とする任意の小さな区間の中に無限に多くの a_n が含まれることを表している．

― 例題 2 ―――――――――――――――――――――――――――――
$\lim_{n\to\infty} \dfrac{1}{n} = 0$ を述語論理で表現せよ．また，任意に ε をとったとき，n_0 を ε で表せ．
――――――――――――――――――――――――――――――――

【解説】

$a_n = \dfrac{1}{n}$ であり，$\alpha = 0$ である．

【解答】

$$\forall \varepsilon > 0 \; \exists n_0 > 0 \; \forall n > n_0 \; \left|\dfrac{1}{n}\right| < \varepsilon$$

また，n_0 としては，$\dfrac{1}{\varepsilon} < n$ を満たす最小の自然数を取ればよい．

問 5 $\lim_{n\to\infty} \dfrac{1}{n^2} = 0$ を述語論理で表現せよ．また，任意に ε をとったとき，n_0 を ε で表せ．

2 公式の証明

この定義を用いると，$\lim_{n\to\infty} a_n = \alpha$ という形式では証明できなかった各種公式を証明することができる．

― 例題 3 ―――――――――――――――――――――――――――――
$\lim_{n\to\infty} a_n = \alpha$, $\lim_{n\to\infty} b_n = \beta$ のとき，$\lim_{n\to\infty}(a_n + b_n) = \alpha + \beta$ を証明せよ．
――――――――――――――――――――――――――――――――

【解説】

2つの条件を利用して，

$$\forall \varepsilon > 0 \; \exists n_0 > 0 \; \forall n > n_0 \; (|(a_n + b_n) - (\alpha + \beta)| < \varepsilon)$$

となることを示せばよい．

今，任意に $\varepsilon > 0$ をとる．

まず，$\lim_{n \to \infty} a_n = \alpha$ であるから，ある $n_\mathrm{A} > 0$ が存在して，$\forall n > n_\mathrm{A} \, (|a_n - \alpha| < \frac{\varepsilon}{2})$

また，$\lim_{n \to \infty} b_n = \beta$ であるから，ある $n_\mathrm{B} > 0$ が存在して，$\forall n > n_\mathrm{B} \, (|b_n - \beta| < \frac{\varepsilon}{2})$

ここで，n_A と n_B のうち大きい方を n_0 とすると，
$$\forall n > n_0 \, (|a_n - \alpha| < \frac{\varepsilon}{2} \land |b_n - \beta| < \frac{\varepsilon}{2})$$

このとき，
$$|(a_n + b_n) - (\alpha + \beta)| = |(a_n - \alpha) + (b_n - \beta)| \leq |a_n - \alpha| + |b_n - \beta| < \frac{\varepsilon}{2} + \frac{\varepsilon}{2}$$
$$= \varepsilon$$

すなわち，
$$\forall \varepsilon > 0 \, \exists n_0 > 0 \, \forall n > n_0 \, (|(a_n + b_n) - (\alpha + \beta)| < \varepsilon)$$
が成立する．

よって，
$$\lim_{n \to \infty} (a_n + b_n) = \alpha + \beta$$
が成立する．

問 6 $\lim_{n \to \infty} a_n = \alpha$, $\lim_{n \to \infty} b_n = \beta$ のとき，$\lim_{n \to \infty}(a_n - b_n) = \alpha - \beta$ を証明せよ．

補.5　Prolog とリスト処理

1 リスト

リスト（list）とはデータ構造の一種である．Prolog におけるリストは，
$$[\triangle, \triangle, \cdots, \triangle]$$
と表す．ここで，△は項を表している．例えば，

[a, b, c, d, e]

[a, [b, c], [d, e]]

などはリストである．前者は，a, b, c, d, e という 5 つの項を持つ 5 項リストであり，後者は a, [b, c], [d, e] という 3 つの項を持つ 3 項リストである．このように，リストも項の一種なので，リストの中にリストが含まれていてもよい．なお，[a, b, c] と [a, [b, c]] は異なるリストなので，括弧には注意しよう．

場合によっては，データを一つも持たないリストが必要なときもある．これを**空リスト**（empty list）といい，[ ] で表す．

ところで，リストは，Prolog プログラムの中では，

[X|Y]

という形式で用いることが多い．これは，先頭の要素がXで，残りのリストがYということを意味している．すなわち，

$$[a, b, c] \quad と \quad [a|[b, c]]$$

は同じリストを表す．したがって，[X|Y] と [a, b, c] を単一化すると，

$$X = a$$
$$Y = [b, c]$$

となる．また，[X|Y] と [a] を単一化すると，

$$X = a$$
$$Y = [\ ]$$

となる．

例題 4

次の述語の単一化により，各変数にはどのような値が代入されるか．ただし，どの変数も単一化の直前では値を持っていないとする．

1) p([a, b, c, d]) と p([X|Y])
2) q([a, b, [c, d]]) と q([X, Y|Z])
3) r(X, [a, b, c], [X]) と r(Y, [Y|Z], U)

【解答】

1) X = a   Y = [b, c, d]
2) X = a   Y = b   Z = [[c, d]]
3) X = a   Y = a   Z = [b, c]   U = [a]

問 7 次の述語の単一化により，各変数にはどのような値が代入されるか．ただし，どの変数も単一化の直前では値を持っていないとする．

1) p([a, [b, c], [d, e, f]]) と p([X, Y|Z])
2) q(a, [b, c], [d|E], F) と q(a, [X|Y], [d, e, f], [g|Y])

2 リスト処理

Prologでは，複雑なデータをリストで表す．リスト自体は再帰的構造をしているので，リストを処理するPrologのプログラムは，述語を再帰的に定義することによって記述されることが多い．

以下に簡単なリスト処理プログラムを例示する．その中で，

$$変数 \quad is \quad 算術式$$

という表現が使われている．これは，右辺の算術式の値を計算し，左辺の変数と単一化することを意味している．

例題 5

以下のプログラムがデータベースに登録されているとする．

    count ([ ], 0).

    count ([X|Y], C) :- count (Y, C_y), C is C_y+1.

このとき，以下の質問を実行すると，どのような結果が得られるか．

1) ?- count ([a, b], X).

2) ?- count ([a, b, c], X).

【解説】

 count ([ ], 0) という事実は「空リスト内のデータ数は0である」ことを表している．その次の規則は，「リスト [X|Y] 内のデータ数がCであるためには，リストY内のデータ数を C_y としたとき，C_y+1 がCとなればよい」ことを意味している（図1参照）．

 すなわち，述語 count は，第1引数として与えられたリストに含まれるデータの個数を数えて，第2引数の値として返すプログラムである．

【解答】

1) X = 2 （リスト [a, b] 内のデータ数）

2) X = 3 （リスト [a, b, c] 内のデータ数）

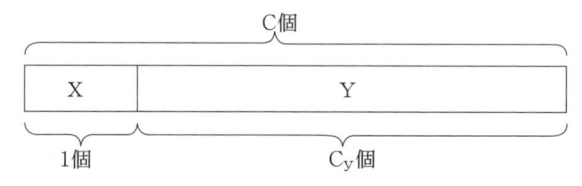

図1 リスト内の個数の関係

問8 以下のプログラムがデータベースに登録されている．

    last ([X], X).

    last ([X|Y], L) :- last (Y, L).

このとき，以下の質問を実行すると，どのような結果が得られるか．

1) ?- last ([a, b], X). 2) ?- last ([a, b, c], X).

  （ヒント：述語 last は，第1引数としてリストを受け取り，その最右端のデータを返す述語である．）

例題 6

数値のみからなるリストLを受け取り，数値の和Sを返す述語 sum (L, S) を定義せよ．

＜例＞

 ?- sum ([10, 20, 30], S). → S = 60

【解説】

「空リストにおけるデータの総和は0である」,「リスト [X|Y] における総和 S は,リスト Y における総和 T に X を加えたものである」という2つの節を Prolog で表現すればよい.

【解答】

sum ([ ], 0).

sum ([X|Y], S) :- sum (Y, T),   S is X+T.

問9 数値のみからなるリスト L を受け取り,数値の2乗和 S を返す述語 sum2 (L, S) を定義せよ.

(ヒント:「空リストにおけるデータの2乗和は0である」,「リスト [X|Y] における2乗和 S は,リスト Y における2乗和 T に X の2乗を加えたものである」という2つの節を Prolog で表現すればよい.)

まとめの解答

第1章のまとめ
- a) 自然数
- b) 整数
- c) 有理数
- d) 循環小数
- e) 実数
- f) 無理数
- g) 複素数
- h) 虚数
- i) 集合
- j) 要素
- k) $x \in A$
- l) 写像
- m) $f(x)$

第2章のまとめ
- a) 命題
- b) 真
- c) 偽
- d) 真理値
- e) 論理演算子
- f) アトム
- g) 解釈
- h) リテラル
- i) 真理値表
- j) 恒真式
- k) 矛盾式
- l) 逆
- m) 対偶
- n) ド・モルガン
- o) 標準形
- p) 論理的帰結

第3章のまとめ
- a) 述語
- b) 述語名
- c) 項
- d) 変数
- e) 全称記号
- f) 存在記号
- g) 量化子
- h) $\forall x P$
- i) 範囲
- j) 束縛
- k) 自由

第4章のまとめ
- a) 推論
- b) 三段論法
- c) 公理
- d) 定理
- e) 背理法
- f) 数学的帰納法

第5章のまとめ
- a) 部分集合
- b) 空集合
- c) 共通部分
- d) 互いに素である
- e) 合併集合
- f) ϕ
- g) $A^c \cup B^c$
- h) 関係
- i) べき集合

第6章のまとめ
- a) 写像
- b) 定義域
- c) 値域
- d) $f(x)$
- e) 像
- f) 全射
- g) 単射
- h) 全単射
- i) 合成写像
- j) 恒等写像
- k) 逆写像

第7章のまとめ
- a) 数列
- b) 級数
- c) 等差数列
- d) 公差
- e) 等比数列
- f) 公比
- g) 階差数列

第8章のまとめ
- a) 漸化式
- b) 帰納的定義
- c) 収束
- d) 極限値
- e) 発散
- f) 4
- g) はさみうち

第9章のまとめ
- a) アルゴリズム
- b) 平行四辺形
- c) データ型
- d) ABC＊X
- e) 4
- f) 代入文
- g) 判断
- h) 配列
- i) 再帰的呼び出し

第10章のまとめ
- a) 指数
- b) 底
- c) 平方根（2乗根）
- d) 立方根（3乗根）
- e) 1
- f) $y = \log_a x$
- g) 対数
- h) 真数
- i) 0
- j) 常用対数

第11章のまとめ
- a) ビット
- b) 仮数部
- c) ノード
- d) ルート
- e) 2分木
- f) 時間計算量
- g) O記法
- h) 順次探索
- i) 2分探索

第12章のまとめ

a）冠頭　　　b）母式　　　c）スコーレム　　　d）節　　　e）単一化
f）導出形　　g）導出原理　h）Prolog　　　　　i）ホーン節

問の略解

第1章

問 1.1　1)　$\{-2, -1, 0, 1, 2\}$　2)　$\{1, 2, 3, 4, 5, 6, 7, 8, 9, 10\}$
3)　$\{x \mid x \text{ は実数で}, -2 \leqq x \leqq 2\}$　4)　$\{x \mid x \text{ は実数で}, -3 < x < 5\}$

問 1.2　1)　$25 \in N$　2)　$\pi \notin Q$

問 1.3　1)　3　2)　3

問 1.4　1)　$n^2 - 1$　2)　$x^2 - 4x + 3$

第2章

問 2.1　1)　命題である　2)　命題ではない　3)　命題である

問 2.2　1)　偽　2)　真　3)　偽

問 2.3　1)　F　2)　T　3)　T　4)　T　5)　F

問 2.4　1)　T　2)　F　3)　F

問 2.5　1)　$(p \vee (\sim p))$　2)　$((p \wedge (\sim q)) \to r)$

問 2.6　1)　$\sim F \to F \vee T = T \to T = T$
2)　$F \wedge T \to \sim T = F \to F = T$
3)　$\sim F \to F \vee (\sim T \wedge T) = T \to F \wedge (F \wedge T) = T \to F \wedge F = T \to F = F$

問 2.7　1)

p	$\sim$p	p$\vee\sim$p
T	F	T
F	T	T

2)

p	q	$\sim$p	p$\wedge$q	$\sim$p$\to$p$\wedge$q
T	T	F	T	T
T	F	F	F	T
F	T	T	F	F
F	F	T	F	F

3)

p	q	r	p$\wedge$q	$\sim$q	$\sim$q$\vee$r	p$\wedge$q$\to\sim$q$\vee$r
T	T	T	T	F	T	T
T	T	F	T	F	F	F
T	F	T	F	T	T	T
T	F	F	F	T	T	T
F	T	T	F	F	T	T
F	T	F	F	F	F	T
F	F	T	F	T	T	T
F	F	F	F	T	T	T

問 2.8 1) 以下の真理値表により恒真式である

p	q	p→q	～q	(p→q)∧～q	～p	(p→q)∧～q→～p
T	T	T	F	F	F	T
T	F	F	T	F	F	T
F	T	T	F	F	T	T
F	F	T	T	T	T	T

2) 以下の真理値表により恒真式である

p	q	r	p→q	q→r	(p→q)∧(q→r)	p→r	与式
T	T	T	T	T	T	T	T
T	T	F	T	F	F	F	T
T	F	T	F	T	F	T	T
T	F	F	F	T	F	F	T
F	T	T	T	T	T	T	T
F	T	F	T	F	F	T	T
F	F	T	T	T	T	T	T
F	F	F	T	T	T	T	T

問 2.9 1) 以下の真理値表により矛盾式である

p	q	～q	～p	～q→～p	(～q→～p)∧～q∧p
T	T	F	F	T	F
T	F	T	F	F	F
F	T	F	T	T	F
F	F	T	T	T	F

2) 以下の真理値表により矛盾式である

p	q	r	p→q	q→r	～r	(p→q)∧(q→r)∧p∧～r
T	T	T	T	T	F	F
T	T	F	T	F	T	F
T	F	T	F	T	F	F
T	F	F	F	T	T	F
F	T	T	T	T	F	F
F	T	F	T	F	T	F
F	F	T	T	T	F	F
F	F	F	T	T	T	F

問 2.10 1)

p	q	r	q∨r	p∧(q∨r)
T	T	T	T	T
T	T	F	T	T
T	F	T	T	T
T	F	F	F	F
F	T	T	T	F
F	T	F	T	F
F	F	T	T	F
F	F	F	F	F

p	q	r	p∧q	p∧r	(p∧q)∨(p∧r)
T	T	T	T	T	T
T	T	F	T	F	T
T	F	T	F	T	T
T	F	F	F	F	F
F	T	T	F	F	F
F	T	F	F	F	F
F	F	T	F	F	F
F	F	F	F	F	F

2)

p	q	r	q∧r	p∨(q∧r)
T	T	T	T	T
T	T	F	F	T
T	F	T	F	T
T	F	F	F	T
F	T	T	T	T
F	T	F	F	F
F	F	T	F	F
F	F	F	F	F

p	q	r	p∨q	p∨r	(p∨q)∧(p∨r)
T	T	T	T	T	T
T	T	F	T	T	T
T	F	T	T	T	T
T	F	F	T	T	T
F	T	T	T	T	T
F	T	F	T	F	F
F	F	T	F	T	F
F	F	F	F	F	F

3)

p	q	p∧q	∼(p∧q)
T	T	T	F
T	F	F	T
F	T	F	T
F	F	F	T

p	q	∼p	∼q	∼p∨∼q
T	T	F	F	F
T	F	F	T	T
F	T	T	F	T
F	F	T	T	T

4)

p	q	p∨q	∼(p∨q)
T	T	T	F
T	F	T	F
F	T	T	F
F	F	F	T

p	q	∼p	∼q	∼p∧∼q
T	T	F	F	F
T	F	F	T	F
F	T	T	F	F
F	F	T	T	T

問 2.11 1) $p \to p = \sim p \vee p = \blacksquare$

2) $p \wedge (p \to q) = p \wedge (\sim p \vee q)$
$= (p \wedge \sim p) \vee (p \wedge q)$
$= \square \vee (p \wedge q) = p \wedge q$

問 2.12 1) 以下の真理値表により，$p \to q$ とその対偶 $\sim q \to \sim p$ は同値である．

p	q	p→q
T	T	T
T	F	F
F	T	T
F	F	T

p	q	∼q	∼p	∼q→∼p
T	T	F	F	T
T	F	T	F	F
F	T	F	T	T
F	F	T	T	T

2) $\sim q \to \sim p = \sim(\sim q) \vee \sim p$
   $= q \vee \sim p = \sim p \vee q = p \to q$

問 2.13 1) $\sim(p \wedge q) \to p \vee \sim r = \sim\sim(p \wedge q) \vee (p \vee \sim r)$
   $= (p \wedge q) \vee (p \vee \sim r)$
   $= (p \vee p \vee \sim r) \wedge (q \vee p \vee \sim r)$
   $= (p \vee \sim r) \wedge (p \vee q \vee \sim r)$

2) $p \to \sim q \wedge (p \vee \sim r) = \sim p \vee (\sim q \wedge (p \vee \sim r))$
   $= (\sim p \vee \sim q) \wedge (\sim p \vee p \vee \sim r)$
   $= (\sim p \vee \sim q) \wedge \blacksquare$
   $= \sim p \vee \sim q$

問 2.14 1) 以下の真理値表により，$p \wedge (p \to q) \wedge (q \to r) \to r$ は恒真式である．
したがって，r は，p，$p \to q$，$q \to r$ の論理的帰結である．

p	q	r	$p \to q$	$q \to r$	$p \wedge (p \to q) \wedge (q \to r)$	$p \wedge (p \to q) \wedge (q \to r) \to r$
T	T	T	T	T	T	T
T	T	F	T	F	F	T
T	F	T	F	T	F	T
T	F	F	F	T	F	T
F	T	T	T	T	F	T
F	T	F	T	F	F	T
F	F	T	T	T	F	T
F	F	F	T	T	F	T

2) $((p \to q) \wedge \sim q) \to \sim p = ((\sim p \vee q) \wedge \sim q) \to \sim p$
   $= \sim((\sim p \vee q) \wedge \sim q) \vee \sim p$
   $= (\sim(\sim p \vee q) \vee \sim\sim q) \vee \sim p$
   $= ((\sim\sim p \wedge \sim q) \vee q) \vee \sim p$
   $= (p \wedge \sim q) \vee (q \vee \sim p)$
   $= (p \vee q \vee \sim p) \wedge (\sim q \vee q \vee \sim p)$
   $= \blacksquare \wedge \blacksquare$
   $= \blacksquare$

よって，$((p \to q) \wedge \sim q) \to \sim p$ は恒真式である．
したがって，$\sim p$ は，$p \to q$，$\sim q$ の論理的帰結である．

第 3 章

問 3.1 1) 偶数(2) または even(2) など

2) 好き(アインシュタイン，物理学) または like(アインシュタイン，物理学)

3) 小さい(6, 8) または smaller(6, 8) など

問 3.2 1) $\sim$like(クリントン，アメリカ)

2) like(福沢諭吉，英語)$\vee$like(福沢諭吉，国語)

3) 偶数(5) $\to$偶数(7)

問 3.3 1) $\forall x$ (偶数$(x) \to$倍数$(x, 4)$)

2) $\forall x$ (素数$(x) \to$奇数(x))

3) $\forall x$ (野菜$(x) \to$like(ガンジー，x))

  4) $\sim\forall x\,(素数\,(x) \to 奇数\,(x))$ または $\exists x\,(素数\,(x) \land \sim 奇数\,(x))$

  5) $\exists x\,(\text{like}(x,\,数学) \lor \text{like}(x,\,理科))$

  6) $\sim\exists x\,\text{like}(x,\,英語)$

問 3.4 1) $\forall x$ の範囲 $\cdots$ p(x)$\land$q(x)

  2) $\exists x$ の範囲 $\cdots$ $\forall y$ p(x,y) $\forall y$ の範囲 $\cdots$ p(x,y)

  3) $\exists x$ の範囲 $\cdots$ p(x)$\land\forall y$ q(x,y) $\forall y$ の範囲 $\cdots$ q(x,y)

問 3.5 $\forall x\exists y\,\text{like}(x,y)$ の方は「誰にでも好きな人がいる」ことを表しているが,一方,$\exists y\forall x\,\text{like}(x,y)$ の方は「すべての人に好かれている人がいる」ことを表している.

問 3.6 1) $\forall x\sim\text{q}(x)\;=\;\sim\text{q}(1)\land\sim\text{q}(2)\land\sim\text{q}(3)\;=\;F\land F\land T\;=\;F$

  2) $\exists y\,\text{q}(y)\;=\;\text{q}(1)\lor\text{q}(2)\lor\text{q}(3)\;=\;T\lor T\lor F\;=\;T$

問 3.7 1) $\exists x\,\text{q}(x,x)\;=\;\text{q}(1,1)\lor\text{q}(2,2)\;=\;T\lor F\;=\;T$

  2) $P[x]\;=\;\exists y\,(\text{p}(x)\land\text{q}(x,y))$ とおくと,

    $P[1]\;=\;\exists y\,(\text{p}(1)\land\text{q}(1,y))$

      $=\;(\text{p}(1)\land\text{q}(1,1))\lor(\text{p}(1)\land\text{q}(1,2))$

      $=\;(F\land T)\lor(F\land T)$

      $=\;F\lor F$

      $=\;F$

    $P[2]\;=\;\exists y\,(\text{p}(2)\land\text{q}(2,y))$

      $=\;(\text{p}(2)\land\text{q}(2,1))\lor(\text{p}(2)\land\text{q}(2,2))$

      $=\;(T\land F)\lor(T\land F)$

      $=\;F\lor F$

      $=\;F$

    したがって,与式 $=\;P[1]\land P[2]\;=\;F\land F\;=\;F$

  3) $P[x]\;=\;\forall y\,(\text{q}(x,y)\to\text{q}(y,x))$ とおくと,

    与式$=P[1]\land P[2]$

      $=\forall y\,(\text{q}(1,y)\to\text{q}(y,1))\land\forall y\,(\text{q}(2,y)\to\text{q}(y,2))$

      $=(\text{q}(1,1)\to\text{q}(1,1))\land(\text{q}(1,2)\to\text{q}(2,1))\land(\text{q}(2,1)\to\text{q}(1,2))\land(\text{q}(2,2)\to\text{q}(2,2))$

      $=(T\to T)\land(T\to F)\land(F\to T)\land(F\to F)$

      $=T\land F\land T\land T$

      $=F$

問 3.8 1) $\forall x\,(\text{p}(x)\to\text{q}(x))\;=\;T,\;\sim\text{q}(a)\;=\;T$ と仮定する.

    $\forall x\,(\text{p}(x)\to\text{q}(x))\;=\;T$ だから,$x\;=\;a$ のときも

      $\text{p}(x)\to\text{q}(x)$

    はTである.すなわち,

      $\text{p}(a)\to\text{q}(a)\;=\;\sim\text{p}(a)\lor\text{q}(a)\;=\;T$ $\cdots$ ①

    である.

     一方,$\sim\text{q}(a)\;=\;T$ だから,

      $\text{q}(a)\;=\;F$ $\cdots$ ②

    となる.

     ①,②より,

      $\sim\text{p}(a)\;=\;T$

    でなければならない.

すなわち，$\forall x\,(p(x) \to q(x))$ と $\sim q(a)$ が真のときは必ず，$\sim p(a)$ も真である．
したがって，$\sim p(a)$ は $\forall x\,(p(x) \to q(x))$ と $\sim q(a)$ の論理的帰結である．

2) $\forall x\,(p(x) \lor q(x)) = T$，$\sim p(a) = T$ と仮定する．
$\forall x\,(p(x) \lor q(x)) = T$ だから，$x = a$ のときも
$$p(x) \lor q(x)$$
は T である．すなわち，
$$p(a) \lor q(a) = T \quad \cdots \;①$$
である．
一方，$\sim p(a) = T$ だから，
$$p(a) = F \quad \cdots \;②$$
となる．
①，②より，
$$q(a) = T$$
でなければならない．
すなわち，$\forall x\,(p(x) \lor q(x))$ と $\sim p(a)$ が真のときは必ず，$q(a)$ も真である．
したがって，$q(a)$ は $\forall x\,(p(x) \lor q(x))$ と $\sim p(a)$ の論理的帰結である．

問 3.9 領域 D を実数全体の集合，$P[x]$ を $x \geq 0$，$Q[x]$ を $x < 0$ とせよ．

第 4 章

問 4.1 p と p→q から q が導出できる．そして，q と q→r から r が導出できる．最後に，r と r→s から s が導出できる．

問 4.2 （明日）新幹線を利用する．

問 4.3 ①が恒真式であることは，次の真理値表で確かめることができる．

p	p → p	(p → p) → p	p → ((p → p) → p)
T	T	T	T
F	T	F	T

②については省略．

問 4.4　定義より，$s(2) = 3$. 　　　　　　　　　$\cdots$ ①
例題 4.4 より，$1+1 = 2$. 　　　　　　　　$\cdots$ ②
①と②より，$s(1+1) = 3$. 　　　　　　　$\cdots$ ③
次に，A2) より，$s(1+1) = s(1)+1$. 　$\cdots$ ④
③と④より，$s(1)+1 = 3$. 　　　　　　　$\cdots$ ⑤
ここで，定義より，$s(1) = 2$. 　　　　　$\cdots$ ⑥
⑤と⑥より，$2+1 = 3$.

問 4.5　以下を仮定する．
$0 < a < b \land 0 < c < d$ 　　　　　　　　　　　　$\cdots$ ①
公理 A1) より，$a < b \land 0 < c \to ac < bc$ 　　$\cdots$ ②
①と②より，$ac < bc$ 　　　　　　　　　　　　　　$\cdots$ ③
再度，公理 A1) より，$c < d \land 0 < b \to cb < db$ 　$\cdots$ ④
①と④より，$cb < db$ 　　　　　　　　　　　　　　$\cdots$ ⑤
ここで，公理 A3) を用いて，$bc < bd$ 　　　　$\cdots$ ⑥
公理 A2) より，$ac < bc \land bc < bd \to ac < bd$ 　$\cdots$ ⑦

③, ⑤, ⑦より, $ac < bd$
したがって, $\forall a \forall b \forall c \forall d \ (0<a<b \land 0<c<d \rightarrow ac<bd)$

問 4.6 $\dfrac{a}{b} = \dfrac{c}{d} = k$ とおく.

すなわち, $a = kb, \ c = kd$.

このとき,

$$与式の左辺 = \frac{a^2+b^2}{b^2} = \frac{k^2b^2+b^2}{b^2} = k^2+1$$

$$与式の右辺 = \frac{c^2+d^2}{d^2} = \frac{k^2d^2+d^2}{d^2} = k^2+1$$

したがって, 左辺 = 右辺.

問 4.7 両辺は正なので, 両辺を二乗して比較する.

$$(左辺)^2 - (右辺)^2 = \frac{(a+b)^2}{4} - ab = \frac{(a-b)^2}{4} \geqq 0$$

よって, $\dfrac{a+b}{2} \geqq \sqrt{ab}$. (等号は $a = b$ のとき成立)

問 4.8

1) $n = 3k$ の場合

与式 $= (3k)^3 + 2(3k) = 27k^3 + 6k = 3(9k^3 + 2k)$

k は整数なので, $9k^3 + 2k$ も整数である.

よって, 与式は 3 の倍数である.

2) $n = 3k+1$ の場合

与式 $= (3k+1)^3 + 2(3k+1)$
$= (27k^3 + 27k^2 + 9k + 1) + 6k + 2$
$= 27k^3 + 27k^2 + 15k + 3$
$= 3(9k^3 + 9k^2 + 5k + 1)$

k は整数なので, $9k^3 + 9k^2 + 5k + 1$ も整数である.

よって, 与式は 3 の倍数である.

3) $n = 3k+2$ の場合

与式 $= (3k+2)^3 + 2(3k+2)$
$= (27k^3 + 54k^2 + 36k + 8) + 6k + 4$
$= 27k^3 + 54k^2 + 42k + 12$
$= 3(9k^3 + 18k^2 + 14k + 4)$

k は整数なので, $9k^3 + 18k^2 + 21k + 4$ も整数である.

よって, 与式は 3 の倍数である.

上記, 1), 2), 3) より,

n が整数のとき, $n^3 + 2n$ は 3 の倍数である.

問 4.9 n が奇数であると仮定する.

そのとき, $n = 2k+1$ とおくことができる.

$$n^2 = (2k+1)^2 = 4k^2 + 4k + 1 = 2(2k^2 + 2k) + 1.$$

すなわち, n^2 は奇数となる.

一方, 条件より, $n^2 = 2m^2$ なので, n^2 は偶数である.

これは矛盾である.

よって, n は偶数でなければならない.

問 4.10 $\sqrt{3} = \dfrac{n}{m}$（ただし，m, n は整数で，$\dfrac{n}{m}$ は既約分数）であると仮定する．

そのとき，$n = \sqrt{3}m$

両辺を二乗して，$n^2 = 3m^2$

よって，n は 3 の倍数 $\quad\cdots$ ①

そこで，$n = 3k$ とおくと，
$$9k^2 = 3m^2$$
すなわち，
$$m^2 = 3k^2$$
よって，m も 3 の倍数 $\quad\cdots$ ②

①，②より，m と n は公約数 3 を持つ．$\quad\cdots$ ③

しかし，仮定より，m と n は既約である．$\quad\cdots$ ④

③と④は矛盾する．

したがって，$\sqrt{3}$ は無理数である．

問 4.11 $p+\sqrt{2}q$ が有理数 r であると仮定する．

そのとき，$\sqrt{2} = \dfrac{r-p}{q}$ となる．

ここで，p, q, r はすべて有理数なので，右辺は有理数．

すなわち，$\sqrt{2}$ は有理数となる．

これは矛盾である．

したがって，$p+\sqrt{2}q$ は無理数でなければならない．

問 4.12 ⅰ）$n = 1$ のとき

与式 $= n^3 + 2n = 1+2 = 3$

よって，3 の倍数である．

ⅱ）$n = k$ のとき命題が成立すると仮定する．すなわち，
$$k^3 + 3k = 3M \text{（ただし，}M \text{ は自然数）}$$
このとき，$n = k+1$ とすると，

与式 $= n^3 + 2n$
$= (k+1)^3 + 2(k+1)$
$= (k^3 + 3k^2 + 3k + 1) + (2k+2)$
$= (k^3 + 2k) + 3(k^2 + k + 1)$
$= 3M + 3(k^2 + k + 1)$
$= 3(M + k^2 + k + 1)$

よって，$n = k+1$ のときも成立する．

ⅰ），ⅱ）より，任意の自然数 n に対し，命題は成立する．

第 5 章

問 5.1 1) 偽　　2) 真

問 5.2 1) 真　　2) 偽

問 5.3 $\mathbb{N} \subset \mathbb{Z} \subset \mathbb{Q} \subset \mathbb{R}$（図は省略）

問 5.4 1) {数学}　　2) {1, 3}

問 5.5 1) $\{x \mid 2 < x < 3\}$　　2) $\{x \mid 2 < x \leqq 4\}$

問 5.6 1) {数学, 国語, 英語, 理科}　　2) {1, 2, 3, 4, 5, 7}

問 5.7 1) $\{x \mid 1 \leq x \leq 4\}$ 2) $\{x \mid 1 \leq x < 6\}$

問 5.8 $\{n \mid n \text{ は } 3 \text{ で割り切れない}\}$

問 5.9 1) $\{x \mid x<1 \lor 3 \leq x\}$ 2) $\{x \mid x \leq 0\}$

問 5.10 1) $\{2, 4\}$ 2) ϕ

問 5.11 1) $\{x \mid 1 \leq x \leq 3\}$ 2) $\{x \mid 1 \leq x \leq 2 \lor 4 < x < 6\}$

問 5.12 1) $x \in (A \cup B)^c \leftrightarrow x \notin A \cup B$
$\leftrightarrow \sim (x \in A \cup B)$
$\leftrightarrow \sim (x \in A \lor x \in B)$
$\leftrightarrow \sim (x \in A) \land \sim (x \in B)$
$\leftrightarrow x \notin A \land x \notin B$
$\leftrightarrow x \in A^c \land x \in B^c$
$\leftrightarrow x \in A^c \cap B^c$

よって，$(A \cup B)^c = A^c \cap B^c$

2) ($A \cup B = B \rightarrow A \subset B$ の証明)

明らかに，$A \subset A \cup B$.

一方，条件より，$B = A \cup B$.

よって，$A \subset B$

($A \subset B \rightarrow A \cup B = B$ の証明)

明らかに，$B \subset A \cup B$　　… ①

次に，$A \cup B \subset B$ を示す．

条件 $A \subset B$ より，$A \cup B \subset B \cup B = B$

すなわち，　$A \cup B \subset B$　… ②

①，② より $A = A \cap B$

したがって，$A \cup B = B \leftrightarrow A \subset B$

問 5.13 $B \times A = \{(1,a), (1,b), (1,c), (2,a), (2,b), (2,c)\}$

問 5.14 $R = \{(1,1), (1,4), (1,7), (2,2), (2,5), (3,3), (3,6), (4,1), (4,4), (4,7), (5,2), (5,5), (6,3),$
$(6,6), (7,1), (7,4), (7,7)\}$

図は省略

問 5.15

科　目	成　績
数学	85
生物学	70
物理学	90

問 5.16 $2^X = \{\phi, \{a\}, \{b\}, \{c\}, \{a,b\}, \{b,c\}, \{a,c\}, \{a,b,c\}\}$

第 6 章

問 6.1 country(X) = {日本, 中国}

問 6.2 $f(X) = \{y \mid -\dfrac{9}{4} \leq y \leq 0\}$　（グラフは省略）

問 6.3 $f(A \cup B) = \{y \mid 1 \leq y \leq 5\}$
$f(A) \cup f(B) = \{y \mid 1 \leq y \leq 2\} \cup \{y \mid 1 \leq y \leq 5\} = \{y \mid 1 \leq y \leq 5\}$

問 6.4 単射ではあるが，全射ではない．

問 6.5　全単射である．

問 6.6　1)　$f(x) = 2x+2$

2)　$f(n) = \begin{cases} m-1 & (n = 2m \text{ のとき}) \\ -m & (n = 2m-1 \text{ のとき}) \end{cases}$

問 6.7　$g \circ f(x) = g(f(x)) = g(x-2) = 2(x-2)^2$

問 6.8　$f^{-1}(x) = \dfrac{x}{2} + 2$

問 6.9　$y = f(x), z = g(y)$ とする．

そのとき，$x = f^{-1}(y),\ y = g^{-1}(z)$ だから，$x = f^{-1}(g^{-1}(z)) = f^{-1} \circ g^{-1}(z)$.

また，$z = g(f(x)) = g \circ f(x)$ だから，$x = (g \circ f)^{-1}(z)$.

よって，$(g \circ f)^{-1}(z) = f^{-1} \circ g^{-1}(z)$.

したがって，$(g \circ f)^{-1} = f^{-1} \circ g^{-1}$.

問 6.10　クラス全体の集合を U，サッカー経験者の集合を A，テニス経験者の集合を B とすると，与えられた条件から，$|U| = 45$，$|A| = 8$，$|B| = 10$，$|(A \cup B)^c| = 32$ である．求めるものは，$A \cap B$ という集合の人数である．

$$|A \cup B| = |U| - |(A \cup B)^c| = 45 - 32 = 13$$

となるので，

$$|A \cap B| = |A| + |B| - |A \cup B| = 8 + 10 - 13 = 5$$

したがって，求める人数は 5 人．

第 7 章

問 7.1　1)　14　　　2)　16

問 7.2　1)　$a_6 = 36 + 2 \cdot 6 = 36 + 12 = 48$　　　2)　$a_{k+1} = (k+1)^2 + 2(k+1) = k^2 + 4k + 3$

問 7.3　1)　$\sum_{k=1}^{3} a_k = a_1 + a_2 + a_3 = 3 + 8 + 15 = 26$

2)　$\sum_{k=2}^{4} a_k = a_2 + a_3 + a_4 = 8 + 15 + 24 = 47$

問 7.4　
$$2^2 - 1^2 = 2 \cdot 1 + 1$$
$$3^2 - 2^2 = 2 \cdot 2 + 1$$
$$\cdots$$
$$(k+1)^2 - k^2 = 2k + 1$$
$$\cdots$$
$$(n+1)^2 - n^2 = 2n + 1$$

両辺を全部足し合わせると，左辺は $(n+1)^2 - 1^2$ となる．一方，右辺は $2\sum_{k=1}^{n} k + \sum_{k=1}^{n} 1$ である．すなわち，

$$n^2 + 2n = 2\sum_{k=1}^{n} k + n$$

よって，$2\sum_{k=1}^{n} k = n^2 + 2n - n$

これを整理して，$\sum_{k=1}^{n} k = \dfrac{1}{2} n(n+1)$

をうる．

問 7.5　1)　$\sum_{k=1}^{n} (2k - 1) = 2\sum_{k=1}^{n} k - \sum_{k=1}^{n} 1 = 2 \cdot \dfrac{1}{2} n(n+1) - n = n^2$

2)　$\sum_{k=1}^{n} (n - k) = \sum_{k=1}^{n} n - \sum_{k=1}^{n} k = n^2 - \dfrac{1}{2} n(n+1) = \dfrac{1}{2} n^2 - \dfrac{1}{2} n$

174 問の略解

問 7.6 $a_{n+1} = 3(n+1)-2 = 3n+1$ より, $a_{n+1}-a_n = (3n+1)-(3n-2) = 3$ となる. したがって, 題意の数列は, 等差数列である.

問 7.7 初項 $a = 4$, 公差 $d = -3$ なので, $a_n = 4+(-3)(n-1) = -3n+7$

問 7.8 初項を a, 公差を d とすると, 条件より $a+d = 5$, $a+6d = -10$.
これを解いて, $a = 8$, $d = -3$.
したがって, $a_n = 8+(-3)(n-1) = -3n+11$

問 7.9 $a = a_1 = 6$, $d = 3$ なので, $S = \dfrac{n\{12+(n-1)3\}}{2} = \dfrac{3n(n+3)}{2}$

問 7.10 条件より, $ar = 12$, $ar^3 = 48$. これを解いて, $a = 6$, $r = 2$.
したがって, 一般項は $a_n = 6 \cdot 2^{n-1}$

問 7.11 1) $a = 2$, $r = -2$, なので, $S = \dfrac{2\{1-(-2)^n\}}{1-(-2)} = \dfrac{2\{1-(-2)^n\}}{3}$

2) $a = 3x$, $r = 3x$ である. したがって,

  i) $x = \dfrac{1}{3}$ のとき, $S = n$

  ii) $x \neq \dfrac{1}{3}$ のとき, $S = \dfrac{3x\{1-(3x)^n\}}{1-3x}$

問 7.12 1) 第 k 項 $= k(2k+1) = 2k^2+k$ 　　 2) 第 k 項 $= \sum_{i=1}^{k}(2i-1) = k^2$

3) 第 k 項 $= \dfrac{1}{k(k+1)}$

問 7.13 1) $\sum_{k=1}^{n}(2k^2+k) = \dfrac{1}{6}n(n+1)(4n+5)$ 　　 2) $\sum_{k=1}^{n}k^2 = \dfrac{1}{6}n(n+1)(2n+1)$

3) $\sum_{k=1}^{n}\dfrac{1}{k(k+1)} = \sum_{k=1}^{n}\left(\dfrac{1}{k}-\dfrac{1}{k+1}\right) = 1-\dfrac{1}{n+1} = \dfrac{n}{n+1}$

問 7.14 階差数列 $\{b_n\}$ が $b_n = -2n+5$ なので, $n \geqq 2$ のとき
$$a_n = a_1+\sum_{k=1}^{n-1}(-2k+5) = -n^2+6n-3$$
この式で, $n = 1$ のとき 2 となり, a_1 と一致する.
したがって, $a_n = -n^2+6n-3$

第 8 章

問 8.1 1) $a_1 = 3$, $a_2 = 7$, $a_3 = 16$, $a_4 = 35$, $a_5 = 74$
2) $a_1 = 1$, $a_2 = 2$, $a_3 = 4$, $a_4 = 8$, $a_5 = 16$

問 8.2 1) $a_n = -4n+5$ 　　 2) $a_n = 4^{n-1}$

問 8.3 $a_n = a_1+\sum_{k=1}^{n-1}(3k-1) = 1+3 \cdot \dfrac{1}{2}(n-1)n-(n-1) = \dfrac{1}{2}(3n^2-5n+4)$

問 8.4 $a_n = \left(a_1-\dfrac{2}{3}\right)4^{n-1}+\dfrac{2}{3} = \dfrac{1}{3}(7 \cdot 4^{n-1}+2)$

問 8.5 $a_n = 3+\sum_{k=1}^{n-1}7 \cdot 4^{k-1} = 3+7\sum_{k=1}^{n-1}4^{k-1} = 3+7 \cdot \dfrac{4^{n-1}-1}{4-1} = 3+\dfrac{7}{3}(4^{n-1}-1)$
$= \dfrac{1}{3}(7 \cdot 4^{n-1}+2)$

問 8.6 i) $n=1$ のとき
$$\text{左辺} = \sum_{k=1}^{n}k = 1, \quad \text{右辺} = \dfrac{1}{2} \cdot 1 \cdot 2 = 1$$
よって, 成立する.

ii) $n = j$ のとき成立すると仮定する. すなわち,

$$\sum_{k=1}^{j} k = \frac{1}{2}j(j+1) \text{ が成立すると仮定する.}$$

このとき,
$$\sum_{k=1}^{j+1} k = \sum_{k=1}^{j} k + (j+1) = \frac{1}{2}j(j+1) + (j+1) = \frac{1}{2}(j+1)(j+2)$$

したがって, $n = j+1$ のときも成立する.

ⅰ), ⅱ) より, すべての自然数 n に対し, $\sum_{k=1}^{n} k = \frac{1}{2}n(n+1)$ が成立する.

問 8.7 1) $a_1 = \frac{1}{4}$ 　 $a_2 = \frac{1}{2-a_1} = \frac{1}{2-\frac{1}{4}} = \frac{4}{7}$ 　 $a_3 = \frac{1}{2-a_2} = \frac{1}{2-\frac{4}{7}} = \frac{7}{10}$

$$a_4 = \frac{1}{2-a_3} = \frac{1}{2-\frac{7}{10}} = \frac{10}{13}$$

2) $a_n = \frac{3n-2}{3n+1}$

3) ⅰ) $n = 1$ のとき明らかに成立する.
　ⅱ) $n = k$ のとき成立すると仮定する. すなわち,
$$a_k = \frac{3k-2}{3k+1} \text{ が成立すると仮定する.}$$

このとき,
$$a_{k+1} = \frac{1}{2-a_k} = \frac{1}{2-\frac{3k-2}{3k+1}} = \frac{3k+1}{2(3k+1)-(3k-2)} = \frac{3k+1}{3k+4}$$
$$= \frac{3(k+1)-2}{3(k+1)+1}$$

したがって, $n = k+1$ のときも成立する.

ⅰ), ⅱ) より, すべての自然数 n に対し, $a_n = \frac{3n-2}{3n+1}$ が成立する.

問 8.8 ⅰ) $n = 1$ のとき明らかに成立する.
　ⅱ) $n = k$ のとき成立すると仮定する. すなわち,
　　$a_k < 1$ が成立すると仮定する.

このとき,
$$a_{k+1} - 1 = \frac{2a_k}{1+a_k} - 1 = \frac{2a_k - (1+a_k)}{1+a_k} = \frac{a_k - 1}{1+a_k} < 0$$

したがって, $n = k+1$ のときも成立する.

ⅰ), ⅱ) より, すべての自然数 n に対し, $a_n < 1$ が成立する.

問 8.9 1) $\displaystyle\lim_{n\to\infty} \frac{3n^2+2n+1}{4n^2-5n+2} = \lim_{n\to\infty} \frac{3+\frac{2}{n}+\frac{1}{n^2}}{4-\frac{5}{n}+\frac{2}{n^2}} = \frac{3}{4}$

2) $\displaystyle\lim_{n\to\infty} (\sqrt{4n^2+n-2} - 2\sqrt{n^2-3n}) = \lim_{n\to\infty} \frac{(4n^2+n-2)-4(n^2-3n)}{\sqrt{4n^2+n-2}+2\sqrt{n^2-3n}}$

$$= \lim_{n\to\infty} \frac{13-\frac{2}{n}}{\sqrt{4+\frac{1}{n}-\frac{2}{n^2}}+2\sqrt{1-\frac{3}{n}}} = \frac{13}{4}$$

3) $\displaystyle\lim_{n\to\infty}\frac{2^n+2\cdot 5^n}{5^n+3} = \lim_{n\to\infty}\frac{\left(\frac{2}{5}\right)^n+2}{1+\frac{3}{5^n}} = 2$

問 8.10 $a_n = -\left(\frac{1}{3}\right)^{n-1}+3$ となるので，$\displaystyle\lim_{n\to\infty}a_n = \lim_{n\to\infty}\left\{-\left(\frac{1}{3}\right)^{n-1}+3\right\} = 3$

問 8.11 1) $|a_{n+1}-4| = |\sqrt{2a_n+8}-4| = \left|\dfrac{(2a_n+8)-4^2}{\sqrt{2a_n+8}+4}\right| = \dfrac{2|a_n-4|}{\sqrt{2a_n+8}+4} \leqq \dfrac{1}{2}|a_n-4|$

$(\sqrt{2a_n+8}+4 \geqq 4$ を用いた$)$

2) $\displaystyle\lim_{n\to\infty}a_n = 4$

第9章

問 9.1 1) X = 3.0, Y = 6.0   2) I = 7, K = 6   3) I = 7, K = 1

問 9.2 1) 不成立   2) 成立

問 9.3 4 が出力される

問 9.4 1) 右の表により，30 が出力される．

2) $\displaystyle\sum_{k=1}^{n}k^2 = \frac{1}{6}n(n+1)(2n+1)$

回数	SUM の値	K の値	K≦N
初期値	0	1	成立
1 回目	1(=0+1·1)	2(=1+1)	成立
2 回目	5(=1+2·2)	3(=2+1)	成立
3 回目	14(=5+3·3)	4(=3+1)	成立
4 回目	30(=14+4·4)	5(=4+1)	不成立

問 9.5 以下のように定義される数列 $\{a_n\}$ の極限値 2 を求めるアルゴリズムであり，2.0 の近似値が出力される．

$$\begin{cases} a_1 = 1 \\ a_{n+1} = \sqrt{a_n+2} \end{cases}$$

なお，この数列では，$|a_{n+1}-2| < \dfrac{1}{2}|a_n-2|$ が成立する．

問 9.6 1) A[I/2] = A[2/2] = A[1] = 2.5

2) A[I+2]+A[J/2*2] = A[4]+A[3/2*2] = A[4]+A[2] = 4.0+3.0 = 7.0

問 9.7 1) A[1]+A[2]+A[3]+A[4] = $\dfrac{1.0}{2}+\dfrac{1.0}{6}+\dfrac{1.0}{12}+\dfrac{1.0}{20} = \dfrac{48.0}{60} = \dfrac{4.0}{5} = 0.8$

2) $\displaystyle\sum_{k=1}^{n}\frac{1.0}{k(k+1)} = \sum_{k=1}^{n}\left(\frac{1}{k}-\frac{1}{k+1}\right) = 1-\frac{1}{n+1} = \frac{n}{n+1}$

問 9.8 1) 75(=7+11+15+19+23)

2) $\displaystyle\sum_{k=1}^{n}(4k+3) = 4\sum_{k=1}^{n}k+\sum_{k=1}^{n}3 = 4\cdot\frac{1}{2}n(n+1)+3n = 2n^2+5n$

問 9.9 1) REC2(3) = REC2(2)+3·3 = REC2(1)+2·2+3·3 = 1+2·2+3·3 = 1+4+9 = 14

2) $REC2(n) = 1^2+2^2+\cdots+n^2 = \displaystyle\sum_{k=1}^{n}k^2 = \frac{1}{6}n(n+1)(2n+1)$

第10章

問 10.1 1) $\sqrt[4]{5}$ と $-\sqrt[4]{5}$ 2) 存在しない   3) 3   4) -4

問 10.2 $m = 0$ とすると，$\dfrac{a^m}{a^n} = \dfrac{a^0}{a^n} = \dfrac{1}{a^n}$, $a^{m-n} = a^{0-n} = a^{-n}$. よって $a^{-n} = \dfrac{1}{a^n}$.

問 10.3 1) $\sqrt[4]{\dfrac{a^5}{\sqrt{a^3}}} = \left(\dfrac{a^5}{a^{\frac{3}{2}}}\right)^{\frac{1}{4}} = \left(a^{5-\frac{3}{2}}\right)^{\frac{1}{4}} = \left(a^{\frac{7}{2}}\right)^{\frac{1}{4}} = a^{\frac{7}{8}}$

2) $\dfrac{\sqrt{a\sqrt{a^3}}}{\sqrt[4]{a^3}} = \dfrac{(a\cdot a^{\frac{3}{2}})^{\frac{1}{2}}}{a^{\frac{3}{4}}} = \dfrac{(a^{\frac{5}{2}})^{\frac{1}{2}}}{a^{\frac{3}{4}}} = \dfrac{a^{\frac{5}{4}}}{a^{\frac{3}{4}}} = a^{\frac{5}{4}-\frac{3}{4}} = a^{\frac{1}{2}}$

問 10.4 1) $64^{\frac{2}{3}} = (2^6)^{\frac{2}{3}} = 2^4 = 16$ 2) $144^{-\frac{1}{2}} = (12^2)^{-\frac{1}{2}} = 12^{-1} = \dfrac{1}{12}$

問 10.5 $2^{2x+3}+2^{-x+1} = (2^x)^2 \cdot 2^3 + (2^x)^{-1} \cdot 2 = 3^2 \cdot 8 + \dfrac{2}{3} = 72 + \dfrac{2}{3} = \dfrac{218}{3}$

問 10.6 $x^2+x^{-2} = (x+x^{-1})^2 - 2 = 3^2 - 2 = 7$

問 10.7 $2^{30} = (2^3)^{10} = 8^{10}$, $3^{20} = (3^2)^{10} = 9^{10}$ であり, $8<9$ であるから, $2^{30} < 3^{20}$.

問 10.8 1) $p = \log_a M$, $q = \log_a N$ とおくと, $M = a^p$, $N = a^q$.
よって, $\dfrac{M}{N} = \dfrac{a^p}{a^q} = a^{p-q}$ より $\log_a \dfrac{M}{N} = p - q = \log_a M - \log_a N$.

2) $t = \log_a M$ とおくと, $M = a^t$ となるので, $M^p = (a^t)^p = a^{pt}$.
よって, $\log_a M^p = pt = p\log_a M$.

問 10.9 1) $\log_4 32 = \dfrac{\log_2 32}{\log_2 4} = \dfrac{\log_2 2^5}{\log_2 2^2} = \dfrac{5}{2}$ 2) $\log_9 27 = \dfrac{\log_3 27}{\log_3 9} = \dfrac{\log_3 3^3}{\log_3 3^2} = \dfrac{3}{2}$

問 10.10 $\log_{10} \dfrac{\sqrt{15}}{2} = \log_{10} 15^{\frac{1}{2}} - \log_{10} 2 = \dfrac{1}{2}\log_{10} \dfrac{3 \cdot 10}{2} - \log_{10} 2$
$= \dfrac{1}{2}(\log_{10} 3 + \log_{10} 10 - \log_{10} 2) - \log_{10} 2 = -\dfrac{3}{2}p + \dfrac{1}{2}q + \dfrac{1}{2}$

問 10.11 $\log_{20} 30 = \dfrac{\log_4 30}{\log_4 20} = \dfrac{\log_4 5 + \log_4 6}{\log_4 4 + \log_4 5} = \dfrac{\log_4 5 + \log_4 5 \cdot \log_5 6}{1 + \log_4 5} = \dfrac{pq+p}{p+1}$

問 10.12 1) $\log_{10} x = \log_{10} 3^{50} = 50\log_{10} 3 = 50 \times 0.4771 = 23.855$ より, 24 桁.

2) $\log_{10} \dfrac{1}{x} = \log_{10} 3^{-50} = -50\log_{10} 3 = -23.855 = -24 + 0.145$ より, 小数第 24 位.

第 11 章

問 11.1 1) $(10101)_2 = 1 \times 2^4 + 0 \times 2^3 + 1 \times 2^2 + 0 \times 2^1 + 1 \times 2^0 = 16 + 0 + 4 + 0 + 1 = 21$

2) $(1010.11)_2 = 1 \times 2^3 + 0 \times 2^2 + 1 \times 2^1 + 0 \times 2^0 + 1 \times 2^{-1} + 1 \times 2^{-2}$
$= 8 + 0 + 2 + 0 + 0.5 + 0.25 = 10.75$

問 11.2 1) $(1001011)_2$ 2) $(11110.101)_2$

問 11.3 $-2^{15} \sim 2^{15}-1$, すなわち $-32768 \sim 32767$

問 11.4 $0.3 \times 32 = 9.6$ 桁.

問 11.5 仮数部 M のビット数は, $64-1-7 = 56$ ビットなので $56\log_{10} 2 = 56 \times 0.3010 = 16.856$.
よって, 約 16.9 桁.

問 11.6 1)   2)

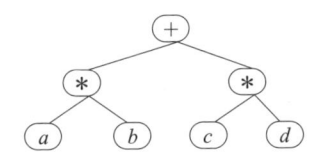

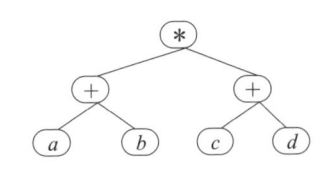

(1) 二分木: 根 + 、左部分木 *(a,b)、右部分木 *(c,d)
(2) 二分木: 根 *、左部分木 +(a,b)、右部分木 +(c,d)

問 11.7 2^{n-1}

問 11.8 最大値 = 15, 最小値 = 4

問 11.9 1) $F_3(n) = O(n^2)$ 2) $F_4(n) = O(2^n)$

問 11.10 $F(n) = 3n+4 = O(n)$

問 11.11 4 回（A[M] の値は 23, 42, 35, 41 となる）

第 12 章

問 12.1 1) $\forall x(\mathrm{p}(x) \rightarrow \exists y\, \mathrm{q}(x,y)) = \forall x \exists y(\sim\mathrm{p}(x) \vee \mathrm{q}(x,y))$

2) $\sim(\forall x\mathrm{p}(x) \rightarrow \exists y\, \mathrm{q}(y)) = \sim(\sim\forall x\, \mathrm{p}(x) \vee \exists y\, \mathrm{q}(y))$
$= \sim\sim\forall x\, \mathrm{p}(x) \wedge \sim\exists y\, \mathrm{q}(y)$
$= \forall x\, \mathrm{p}(x) \wedge \forall y \sim\mathrm{q}(y)$

$\qquad\qquad\qquad\qquad\quad = \forall x \forall y(p(x) \wedge \sim q(y))$

問 12.2 1) 与式の否定 $= \sim \forall x(p(x) \rightarrow \sim q(x,x))$
$\qquad\qquad\qquad\qquad = \sim \forall x(\sim p(x) \vee \sim q(x,x))$
$\qquad\qquad\qquad\qquad = \exists x \sim (\sim p(x) \vee \sim q(x,x))$
$\qquad\qquad\qquad\qquad = \exists x(\sim \sim p(x) \wedge \sim \sim q(x,x))$
$\qquad\qquad\qquad\qquad = \exists x(p(x) \wedge q(x,x))$

2) 与式の否定 $= \sim \exists x(\forall y\, p(x,y) \wedge q(x))$
$\qquad\qquad\qquad\qquad = \forall x \sim (\forall y\, p(x,y) \wedge q(x))$
$\qquad\qquad\qquad\qquad = \forall x(\sim \forall y\, p(x,y) \vee \sim q(x))$
$\qquad\qquad\qquad\qquad = \forall x(\exists y \sim p(x,y) \vee \sim q(x))$
$\qquad\qquad\qquad\qquad = \forall x \exists y(\sim p(x,y) \vee \sim q(x))$

問 12.3 1) 変数 x を定数 a に置き換えて $\forall y\, p(a,y)$.

2) 変数 z を $x,\ y$ の関数 $f(x,y)$ に置き換えて, $\forall x \forall y(p(x,y) \wedge \sim q(x, f(x,y)))$

問 12.4 1) S $= \{p(a,Y),\ q(Y, f(Y))\}$

2) S $= \{\sim p(X, f(X)) \vee q(X, f(X), Z)\}$

問 12.5 1) X $= a$, Y $= f(a)$ により, $p(f(a), a)$ となる.

2) X $= g(b)$, Y $= g(g(b))$ により, $q(a, g(b), g(g(b)))$ となる.

問 12.6 1) $q \vee r \vee s$ 　　2) $\sim q \vee r$

問 12.7 1) $q(a) \vee r(a) \vee s(a)$ 　　2) $\sim q(a,b) \vee r(a,b)$

問 12.8 S'$= \{p \vee \sim q,\ \sim p \vee r,\ q \vee r,\ \sim r\}$ である.

　　まず, $q \vee r$ と $\sim r$ から q が導出できる.

　　また, $p \vee \sim q$ と今導出した q から p が導出できる.

　　次に, $\sim p \vee r$ と今導出した p から r が導出できる.

　　最後に, r と $\sim r$ で矛盾となる.

　　したがって, r である.

問 12.9 S'$= \{p(a),\ \sim p(X) \vee q(f(X)),\ \sim q(f(a))\}$ である.

　　まず, $\sim q(f(a))$ と $\sim p(X) \vee q(f(X))$ において X$=a$ とすることにより, $\sim p(a)$ が導出できる.

　　次に, $\sim p(a)$ と $p(a)$ により, 矛盾となる. したがって, $q(f(a))$ である.

問 12.10 1) F1：$\sim$野菜（X）$\vee$ like（花子, X）

　　　　　F2：野菜（キュウリ）

2) 省略

問 12.11 1) like（花子, X）：$-$野菜（X）.

2) 叔父（X,Z）：$-$親（X,Y）, 兄弟（Y,Z）.

補講

問 1 以下では, 式の変形により示す.

$\qquad (p_1 \rightarrow q) \wedge (p_2 \rightarrow q) = (\sim p_1 \vee q) \wedge (\sim p_2 \vee q)$
$\qquad\qquad\qquad\qquad\qquad = (\sim p_1 \wedge \sim p_2) \vee q$
$\qquad\qquad\qquad\qquad\qquad = \sim(p_1 \vee p_2) \vee q$
$\qquad\qquad\qquad\qquad\qquad = (p_1 \vee p_2) \rightarrow q$

問2 以下では真理値表により示す.

p	q	~q	~q→p	~p	~q→~p	(~q→p)∧(~q→~p)	与式
T	T	F	T	F	T	T	T
T	F	T	T	F	F	F	T
F	T	F	T	T	T	T	T
F	F	T	F	T	T	F	T

問3 写像 f: N→Z を次のように定義する.
$$f(n) = \begin{cases} k & (n=2k \text{ のとき}) \\ -k & (n=2k-1 \text{ のとき}) \end{cases}$$
このとき, 写像 f は全単射であるので, N≃Z となる.

問4 $f(x) = \pi x - \frac{\pi}{2}$ とすると, 写像 f は, 集合 A = $\{x | x \in \mathbb{R}$ かつ $0 < x < 1\}$ から集合 B = $\{x | x \in \mathbb{R}$ かつ $-\frac{\pi}{2} < x < \frac{\pi}{2}\}$ への全単射である. 一方, $g(x) = \tan x$ とすると, 写像 g は, 集合 B から実数全体の集合 R への全単射である. したがって, 合成写像 $g \circ f$ は集合 A = $\{x | x \in \mathbb{R}$ かつ $0 < x < 1\}$ から実数全体の集合 R への全単射である. よって, A≃R となる.

問5 $\forall \varepsilon > 0 \quad \exists n_0 > 0 \quad \forall n > n_0 \quad \left|\frac{1}{n^2}\right| < \varepsilon$

また, n_0 としては, $\frac{1}{\varepsilon} < n^2$ を満たす最小の自然数を取ればよい.

問6 今, 任意に $\varepsilon > 0$ をとる.

まず, $\lim_{n\to\infty} a_n = \alpha$ であるから, ある $n_A > 0$ が存在して, $\forall n > n_A \left(|a_n - \alpha| < \frac{\varepsilon}{2}\right)$

また, $\lim_{n\to\infty} b_n = \beta$ であるから, ある $n_B > 0$ が存在して, $\forall n > n_B \left(|b_n - \beta| < \frac{\varepsilon}{2}\right)$

ここで, n_A と n_B のうち大きい方を n_0 とすると,
$$\forall n > n_0 \left(|a_n - \alpha| < \frac{\varepsilon}{2} \wedge |b_n - \beta| < \frac{\varepsilon}{2}\right)$$

このとき,
$$|(a_n - b_n) - (\alpha - \beta)| = |(a_n - \alpha) - (b_n - \beta)| \leq |a_n - \alpha| + |b_n - \beta|$$
$$< \frac{\varepsilon}{2} + \frac{\varepsilon}{2} = \varepsilon$$

すなわち,
$$\forall \varepsilon > 0 \quad \exists n_0 > 0 \quad \forall n > n_0 \quad (|(a_n - b_n) - (\alpha - \beta)| < \varepsilon)$$

が成立する.

よって, $\lim_{n\to\infty}(a_n - b_n) = \alpha - \beta$

が成立する.

問7 1) X=a Y=[b,c] Z=[[d,e,f]]
2) X=b Y=[c] E=[e,f] F=[g,c]

問8 1) X=b 2) X=c

問9 sum2([],0).
sum2([X|Y],S) :- sum2(Y,T), S is X*X+T.

練習問題の略解

練習問題 1

【1】 1) {国語, 数学, 英語}　　　2) $\{-2, -1, 0, 1, 2, 3\}$

【2】 1) $\{x \mid x \text{ は整数で}, 0 \leq x \leq 5\}$　　2) $\{x \mid x \text{ は実数で}, x \neq 0\}$

【3】 1) $3 \in \{1, 2, 3, 4, 5\}$　　2) $1-i \notin \mathbb{R}$

【4】 1) 35　　　2) $2n^2 - 3n$　　　3) $8t^2 + 2t - 1$

練習問題 2

【1】 1) F　　2) T　　3) T　　4) T

【2】 1) $T \vee \sim T = T \vee F = T$　　2) $(T \wedge F) \vee \sim T = F \vee F = F$
　　3) $T \to T \wedge F = T \to F = F$　　4) $T \vee T \leftrightarrow T \wedge \sim F = T \leftrightarrow T = T$

【3】 1)

p	q	p∧q	∼p	∼q	∼p∨∼q	(p∧q)∨(∼p∨∼q)
T	T	T	F	F	F	T
T	F	F	F	T	T	T
F	T	F	T	F	T	T
F	F	F	T	T	T	T

2)

p	q	p∨q	∼p	∼q	∼p∧∼q	(p∨q)∨(∼p∧∼q)
T	T	T	F	F	F	T
T	F	T	F	T	F	T
F	T	T	T	F	F	T
F	F	F	T	T	T	T

3)

p	q	p→q	∼q	∼p	∼q→∼p	(p→q)→(∼q→∼p)
T	T	T	F	F	T	T
T	F	F	T	F	F	T
F	T	T	F	T	T	T
F	F	T	T	T	T	T

4)

p	q	∼p	∼q	∼p→∼q	q→p	(p→q)→(∼q→∼p)
T	T	F	F	T	T	T
T	F	F	T	T	T	T
F	T	T	F	F	F	T
F	F	T	T	T	T	T

【4】 1) $(p \wedge q) \vee (\sim p \vee \sim q) = (p \vee \sim p \vee \sim q) \wedge (q \vee \sim p \vee \sim q)$
　　　　　　　　　　　　　　　　　$= \blacksquare \wedge \blacksquare$
　　　　　　　　　　　　　　　　　$= \blacksquare$

2) $(p \vee q) \vee (\sim p \wedge \sim q) = (p \vee q \vee \sim p) \wedge (p \vee q \vee \sim q)$

$$= ■ \land ■$$
$$= ■$$

3) $(p \to q) \to (\sim q \to \sim p) = (\sim p \lor q) \to (\sim\sim q \lor \sim p)$
$$= (\sim p \lor q) \to (\sim p \lor q)$$
$$= \sim(\sim p \lor q) \lor (\sim p \lor q)$$
$$= (\sim\sim p \land \sim q) \lor (\sim p \lor q)$$
$$= (p \land \sim q) \lor (\sim p \lor q)$$
$$= (p \lor \sim p \lor q) \land (\sim q \lor \sim p \lor q)$$
$$= ■ \land ■$$
$$= ■$$

4) $(\sim p \to \sim q) \to (q \to p) = (\sim\sim p \lor \sim q) \to (\sim q \lor p)$
$$= (p \lor \sim q) \to (p \lor \sim q)$$
$$= \sim(p \lor \sim q) \lor (p \lor \sim q)$$
$$= (\sim p \land \sim\sim q) \lor (p \lor \sim q)$$
$$= (\sim p \land q) \lor (p \lor \sim q)$$
$$= (\sim p \lor p \lor \sim q) \land (q \lor p \lor \sim q)$$
$$= ■ \land ■$$
$$= ■$$

【5】1) $(p \land q \land r) \lor (p \lor q) = (p \lor p \lor q) \land (q \lor p \lor q) \land (r \lor p \lor q)$
$$= (p \lor q) \land (p \lor q) \land (p \lor q \lor r)$$
$$= (p \lor q) \land (p \lor q \lor r)$$

2) $(p \to q) \land (q \to r) = (\sim p \lor q) \land (\sim q \lor r)$

3) $(p \land q) \to (q \land r) = \sim(p \land q) \lor (q \land r)$
$$= (\sim p \lor \sim q) \lor (q \land r)$$
$$= (\sim p \lor \sim q \lor q) \land (\sim p \lor \sim q \lor r)$$
$$= ■ \land (\sim p \lor \sim q \lor r)$$
$$= \sim p \lor \sim q \lor r$$

【6】1) $p \land q \to p \land q = \sim(p \land q) \lor (p \land q)$
$$= (\sim p \lor \sim q) \lor (p \land q)$$
$$= (\sim p \lor \sim q \lor p) \land (\sim p \lor \sim q \lor q)$$
$$= ■ \land ■$$
$$= ■$$

$p \land q \to p \land q$ が恒真式なので，$p \land q$ は，p, q の論理的帰結である．

2) $(p \to q) \land (q \to r) \land \sim r \land p$ が矛盾式となればよいが，これは問 2.9 の 2) で既に示している．
したがって，$\sim p$ は $p \to q$, $q \to r$, $\sim r$ の論理的帰結である．

【7】1)「消費税率が上がる」を p,「消費が落ち込む」を q,「景気が悪くなる」を r とすると，

$p_1 : p \to q$

$p_2 : q \to r$

$p_3 : p$

$p_4 : r$

2) $(p \to q) \land (q \to r) \land p \to r$ が恒真式であることを示せばよい.

p	q	r	$p \to q$	$q \to r$	$(p \to q) \land (q \to r) \land p$	与式
T	T	T	T	T	T	T
T	T	F	T	F	F	T
T	F	T	F	T	F	T
T	F	F	F	T	F	T
F	T	T	T	T	F	T
F	T	F	T	F	F	T
F	F	T	T	T	F	T
F	F	F	T	T	F	T

3) $(p \to q) \land (q \to r) \land p \to r$
$= (\sim p \lor q) \land (\sim q \lor r) \land p \to r$
$= \sim ((\sim p \lor q) \land (\sim q \lor r) \land p) \lor r$
$= \sim (\sim p \lor q) \lor \sim (\sim q \lor r) \lor \sim p \lor r$
$= (\sim \sim p \land \sim q) \lor (\sim \sim q \land \sim r) \lor \sim p \lor r$
$= (p \land \sim q) \lor (q \land \sim r) \lor \sim p \lor r$
$= ((p \lor \sim p) \land (\sim q \lor \sim p)) \lor (q \land \sim r) \lor r$
$= (\blacksquare \land (\sim q \lor \sim p)) \lor (q \land \sim r) \lor r$
$= (\sim q \lor \sim p) \lor (q \land \sim r) \lor r$
$= (\sim q \lor \sim p) \lor ((q \lor r) \land (\sim r \lor r))$
$= (\sim q \lor \sim p) \lor ((q \lor r) \land \blacksquare)$
$= (\sim q \lor \sim p) \lor (q \lor r)$
$= \sim p \lor \sim q \lor q \lor r$
$= \sim p \lor \blacksquare \lor r$
$= \blacksquare$

練習問題 3

【1】 1) $\sim$smaller(2,4)　　 2) 偶数(2)$\land$素数(2)　　 3) 奇数(4)$\to$奇数(6)
4) $\sim \exists x \sim$like(x,x)　　 5) $\forall x$(like$(x,$ 野球$) \to$ like$(x,$ サッカー$))$
6) $\forall x$($\sim$like$(x,$ 数学$) \to \sim$like$(x,$ 物理学$))$

【2】 1) $p(x) \lor q(x)$　　 2) $\exists x$ の範囲：$q(x) \land r(x)$　 $\exists y$ の範囲：$\sim p(y)$
3) $\forall x$ の範囲：$p(x) \to \exists y(q(x,y) \land r(x,y))$　 $\exists y$ の範囲：$q(x,y) \land r(x,y)$
4) $\forall x$ の範囲：$\forall y(p(x) \lor \sim q(x,y))$　 $\forall y$ の範囲：$p(x) \lor \sim q(x,y)$

【3】 1) $\forall x p(x) = p(1) \land p(2) = F \land T = F$
2) $\exists x p(x) = p(1) \lor p(2) = F \lor T = T$
3) $\forall x q(x,x) = q(1,1) \land q(2,2) = T \land T = T$
4) 与式 $=(p(1) \to q(1,1)) \land (p(1) \to q(1,2)) \land (p(2) \to q(2,1)) \land (p(2) \to q(2,2))$
$= (F \to T) \land (F \to F) \land (T \to F) \land (T \to T)$
$= T \land T \land F \land T$
$= F$

【4】 $\forall x p(x) = T$ とすると, $x = a$ のときも $p(x)$ は T. すなわち, $p(a) = T$.
よって, $\forall x p(x)$ が真のときはいつでも, $p(a)$ は真である.
したがって, $p(a)$ は $\forall x p(x)$ の論理的帰結である.

【5】 1) p_1：$\forall x(\mathrm{man}(x) \to \mathrm{mortal}(x))$
　　　p_2：$\mathrm{man}(ソクラテス)$
　　　p_3：$\mathrm{mortal}(ソクラテス)$

　　2) $\forall x(\mathrm{man}(x) \to \mathrm{mortal}(x)) = T$，$\mathrm{man}(ソクラテス) = T$ とする．
　　　　$\forall x(\mathrm{man}(x) \to \mathrm{mortal}(x)) = T$ だから，$x = $ ソクラテスのときも
　　　　　　$\mathrm{man}(x) \to \mathrm{mortal}(x)$
　　　　はTである．すなわち，
　　　　　　$\mathrm{man}(ソクラテス) \to \mathrm{mortal}(ソクラテス)$
　　　　　　　$= \sim\mathrm{man}(ソクラテス) \vee \mathrm{mortal}(ソクラテス) = T$　　… ①
　　　　である．
　　　　　一方，$\mathrm{man}(ソクラテス) = T$ だから，
　　　　　　$\sim\mathrm{man}(ソクラテス) = F$　　　　　　　　　　… ②
　　　　となる．
　　　　　①，②より，
　　　　　　$\mathrm{mortal}(ソクラテス) = T$
　　　　でなければならない．
　　　　　すなわち，$\forall x(\mathrm{man}(x) \to \mathrm{mortal}(x))$ と $\mathrm{man}(ソクラテス)$ が真のときは必ず，$\mathrm{mortal}(ソクラテス)$ も真である．
　　　　　したがって，$\mathrm{mortal}(ソクラテス)$ は $\forall x(\mathrm{man}(x) \to \mathrm{mortal}(x))$ と $\mathrm{man}(ソクラテス)$ の論理的帰結である．

練習問題 4

【1】

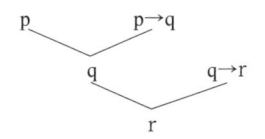

```
    p     p→q
     \   /
      q       q→r
       \   /
         r
```

【2】 1) ＜方法1＞
　　　　n が偶数のときと奇数のときに場合分けする．
　　　　　a）$n = 2k$ のとき（偶数のとき）
　　　　　　与式 $= n^2 + n = (2k)^2 + 2k = 4k^2 + 2k = 2(2k^2 + k)$
　　　　　よって，与式は偶数．
　　　　　b）$n = 2k+1$ のとき（奇数のとき）
　　　　　　与式 $= n^2 + n = (2k+1)^2 + (2k+1) = (4k^2 + 4k + 1) + (2k+1) = 2(2k^2 + 3k + 1)$
　　　　　よって，与式は偶数．
　　　　　a），b）より，任意の整数 n に対し命題は成立する．
　　　＜方法2＞
　　　　$n^2 + n = n(n+1)$ であり，n は整数なので，n か $n+1$ のいずれかは偶数である．
　　　　したがって，両者の積である $n^2 + n$ は偶数である．
　　2) $n = 3k$，$n = 3k+1$，$n = 3k+2$ に場合分けする．
　　　　　a）$n = 3k$ のとき
　　　　　　与式 $= n^2 + 1 = (3k)^2 + 1 = 9k^2 + 1 = 3(3k^2) + 1$
　　　　　よって，与式は3の倍数ではない．

b) $n = 3k+1$ のとき
　　与式 $= n^2+1 = (3k+1)^2+1 = (9k^2+6k+1)+1 = 3(3k^2+2k)+2$
　　よって，与式は3の倍数ではない．

c) $n = 3k+2$ のとき
　　与式 $= n^2+1 = (3k+2)^2+1 = (9k^2+12k+4)+1 = 3(k^2+4k+1)+2$
　　よって，与式は3の倍数ではない．

a), b), c) より，任意の整数 n に対し命題は成立する．

3) n を6通りに場合分けしても証明できるが，以下では別の方法を用いる．

　　与式 $= n^3+5n = (n^3-n)+6n = (n-1)n(n+1)+6n$

ここで，$(n-1)n(n+1)$ は連続する3つの整数であるから，いずれかは偶数であり，いずれかは3の倍数である．よって，$(n-1)n(n+1)$ は6の倍数である．

一方，$6n$ は明らかに6の倍数である．

したがって，与式 n^3+5n は6の倍数である．

【3】 1) 左辺－右辺 $= (x^2+y^2+z^2)-(xy+yz+zx) = \dfrac{1}{2}\{(x-y)^2+(y-z)^2+(z-x)^2\} \geqq 0$

2) 左辺－右辺 $= (x^2+y^2)-(2x+2y-2) = (x-1)^2+(y-1)^2 \geqq 0$

3) $x+y+z = 0$ より，$x+y = -z$, $y+z = -x$, $z+x = -y$
　　よって，左辺 $= -xyz+xyz = 0$

【4】 $x<1$, $1\leqq x<3$, $3\leqq x$ に場合分けする．

a) $x<1$ のとき
　　左辺 $= |x-1|+|x-3| = -(x-1)-(x-3) = -2x+4 = -2(x-1)+2$
　　　　$= 2(1-x)+2 \geqq 2$

b) $1\leqq x<3$ のとき
　　左辺 $= |x-1|+|x-3| = (x-1)-(x-3) = 2 \geqq 2$

c) $3\leqq x$ のとき
　　左辺 $= |x-1|+|x-3| = (x-1)-(x-3) = 2x-4 = 2(x-3)+2 \geqq 2$

a), b), c) より，すべての実数 x に対し，$|x-1|+|x-3| \geqq 2$

【5】 1) $x>0$ と仮定する．

そのとき，$\dfrac{x+\dfrac{1}{x}}{2} \geqq \sqrt{x \cdot \dfrac{1}{x}} = 1$

すなわち，$x+\dfrac{1}{x} \geqq 2$

これは，前提と矛盾する．よって，$x<0$ でなければならない．

2) $\sqrt{2}+\sqrt{3}$ が有理数 p だと仮定する．

すなわち，$\sqrt{2}+\sqrt{3} = p$.

両辺を2乗して整理すると，

$$\sqrt{6} = \dfrac{p^2-5}{2}.$$

p^2 は有理数なので，この右辺は有理数である．

一方，$\sqrt{6}$ は無理数である．これは矛盾．

したがって，$\sqrt{2}+\sqrt{3}$ は無理数でなければならない．

【6】 1) ⅰ) $n=1$ のとき
　　与式$=n^3+5n=1+5=6$
　　よって，命題は成立する．
ⅱ) $n=k$ のとき命題が成立すると仮定する．すなわち，
　　「k^3+5k は6の倍数である」
　　このとき，$n=k+1$ とすると
　　$n^3+5n=(k+1)^3+5(k+1)=(k^3+3k^2+3k+1)+5k+5$
　　$\quad\quad\quad =(k^3+5k)+3k(k+1)+6$
　　ここで，$k(k+1)$ は偶数なので，$3k(k+1)$ は6の倍数である．
　　(k^3+5k), $3k(k+1)$, 6はすべて6の倍数であるので，n^3+5n は6の倍数である．
　　よって，$n=k+1$ のときも成立する．
ⅰ)，ⅱ) より，すべての自然数 n に対し n^3+5n は6の倍数である．

2) ⅰ) $n=5$ のとき
　　左辺 $=2^5=32$, 右辺 $=5^2=25$　よって，与式は成立する．
ⅱ) $n=k$ のとき与式が成立すると仮定する．すなわち，$2^k>k^2$
　　このとき，$n=k+1$ とすると
　　左辺 $=2^n=2^{k+1}=2\cdot 2^k>2k^2=k^2+k^2>k^2+(2k+1)=(k+1)^2=$ 右辺
　　すなわち，$k^{k+1}>(k+1)^2$　よって，$n=k+1$ のときも成立する．
ⅰ)，ⅱ) より，すべての自然数 n に対し $2^n>n^2$ が成立する．

【7】 1) F1) $\exists x \ \text{like}(x, 数学)$
　　F2) $\forall x \ (\sim\text{like}(x, 物理学) \rightarrow \sim\text{like}(x, 数学))$
　　F3) $\sim\exists x \ (\text{major}(x, 文学)\wedge\text{like}(x, 物理学))$
　　F4) $\forall x \ (\text{like}(x, 物理学) \rightarrow \text{like}(x, コンピュータ))$

2) 経済学部の学生ではないと仮定する．それは，文学部の学生であることを意味する．
　　F3) より，その学生は，物理学を好きではない．
　　F2) より，その学生は，数学を好きではない．
　　これは，F1) と矛盾する．
　　したがって，F1) の学生は経済学部の学生である．

3) 物理学を好きではないと仮定すると，F2) より，数学も好きではない．
　　しかし，これは，F1) と矛盾する．
　　したがって，物理学を好きである．
　　よって，F4) より，コンピュータも好きである．

練習問題 5

【1】 1) 真　　2) 偽
【2】 1) $\{-4, -3, -2, -1, 0, 1, 2, 3, 4, 5, 6, 7, 8\}$
　　2) $\{1, 2, 3, 4, 5, 6, 7, 8\}$
【3】 1) $\{n \mid (n\leq 5 \text{ または } n\geq 8) \text{ かつ } n\in \mathbf{N}\}$
　　2) $\{n \mid 2\leq x<5\}$
【4】 1) $x\in A\cap(B\cup C) \leftrightarrow x\in A \wedge x\in B\cup C$
　　$\leftrightarrow x\in A \wedge (x\in B \vee x\in C)$
　　$\leftrightarrow (x\in A \wedge x\in B) \vee (x\in A \wedge x\in C)$
　　$\leftrightarrow (x\in A\cap B) \vee (x\in A\cap C)$

$\leftrightarrow x \in (A \cap B) \cup (A \cap C)$

2) a) $A \cap (A \cup B) \subset A$ の証明

$x \in A \cap (A \cup B)$ とする.

そのとき, $x \in A$

したがって, $A \cap (A \cup B) \subset A$

b) $A \subset A \cap (A \cup B)$ の証明

$x \in A$ とする.

そのとき, $x \in A \cup B$

よって, $x \in A \cap (A \cup B)$

したがって, $A \subset A \cap (A \cup B)$

a), b) より, $A \cap (A \cup B) = A$

3) $x \in A \cup B$ とする. そのとき, $x \in A$ または $x \in B$ である.

 a) $x \in A$ のときは, $A \subset X$ より, $x \in X$.

 b) $x \in B$ のときは, $B \subset X$ より, $x \in X$.

いずれにしても, $x \in X$.

すなわち, $x \in A \cup B$ のときは, $x \in X$.

したがって, $A \cup B \subset X$.

【5】 $X \times Y \times Z = \{(1,a,x),\ (1,a,y),\ (1,b,x),\ (1,b,y),\ (2,a,x),\ (2,a,y),\ (2,b,x),\ (2,b,y)\}$

【6】 $R = \{(1,9),\ (2,6),\ (2,10),\ (3,7),\ (4,8),\ (5,9)\}$

【7】

氏　　名	年齢
東京太郎	20
神戸京子	19

【8】 $2^X = \{\phi, \{a\}, \{b\}, \{c\}, \{d\}, \{a,b\}, \{a,c\}, \{a,d\}, \{b,c\}, \{b,d\}, \{c,d\}, \{b,c,d\}, \{a,c,d\}, \{a,b,d\},$
$\{a,b,c\}, \{a,b,c,d\}\}$

練習問題 6

【1】 1) $f(X) = \{y \mid -7 \leqq y \leqq -1\}$ 2) $f(X) = \{y \mid 3 \leqq y \leqq 19\}$

【2】 1) 全単射である   2) 全射でも単射でもない

【3】 1) $g \circ f(x) = g(f(x)) = g(x+2) = 2(x+2) - 8 = 2x - 4$

 2) $g \circ f(x) = g(f(x)) = g(4x-3) = (4x-3)^2 + 2(4x-3) = (16x^2 - 24x + 9) + (8x - 6)$
  $= 16x^2 - 16x + 3$

【4】 1) $f^{-1}(Y) = \{x \mid -1 \leqq x \leqq 2\}$ 2) $f^{-1}(Y) = \{x \mid 0 \leqq x \leqq 3\}$

【5】 学生全体の集合を U, ヨーロッパ旅行経験者の集合を A, アメリカ旅行経験者の集合を B, オーストラリア旅行経験者の集合を C とすると, 与えられた条件から, $|U| = 240$, $|A| = 75$, $|B| = 114$, $|C| = 60$, $|A \cap B| = 24$, $|B \cap C| = 30$, $|A \cap B \cap C| = 9$, $|(A \cup B \cup C)^c| = 51$ である.

求める人数は, $|A \cap C| - |A \cap B \cap C|$ である.

そのためには, まず, $|A \cap C|$ を求める必要がある.

$$|A \cup B \cup C| = |A| + |B| + |C| - |A \cap B| - |B \cap C| - |A \cap C| + |A \cap B \cap C|$$

であり,

$$|U| = |A \cup B \cup C| + |(A \cup B \cup C)^c|$$

なので,
$$75+114+60-24-30-|A\cap C|+9+51 = 240$$
より, $|A\cap C| = 15$ となる.
したがって, $|A\cap C|-|A\cap B\cap C| = 15-9=6$
すなわち, 求める人数は 6 人.

【6】 $|A| = 3$ より, $|B| = |2^A| = 2^{|A|} = 2^3 = 8$.
したがって, $|C| = |2^B| = 2^{|B|} = 2^8 = 256$.

練習問題 7

【1】 $(k+1)^4 - k^4 = 4k^3+6k^2+4k+1$ より, $\sum_{k=1}^{n}\{(k+1)^4-k^4\} = 4\sum_{k=1}^{n}k^3+6\sum_{k=1}^{n}k^2+4\sum_{k=1}^{n}k+\sum_{k=1}^{n}1$.
ここで, 左辺は $(n+1)^4-1$ であるから,
$(n+1)^4-1 = 4\sum_{k=1}^{n}k^3+6\cdot\frac{1}{6}n(n+1)(2n+1)+4\cdot\frac{1}{2}n(n+1)+n$ となる.
後はこれを整理すればよい.

【2】 求める 3 数は, 2,4,6 (3 数を $a-d,\ a,\ a+d$ とせよ)

【3】 S_n が最大となるのは, $n = 13$ のときである. また, $S_{13} = 338$

【4】 初項は -3, 公差は 6

【5】 求める 3 数は, 3, 6, 12 (3 数を $a,\ ar,\ ar^2$ とせよ)

【6】 与式$=\frac{1}{2}\sum_{k=1}^{n}\left\{\frac{1}{k(k+1)}-\frac{1}{(k+1)(k+2)}\right\}=\frac{1}{2}\left\{\frac{1}{2}-\frac{1}{(n+1)(n+2)}\right\}=\frac{n^2+3n}{4(n+1)(n+2)}$

【7】 1) $c_n = n$
2) $b_n = b_1+\sum_{k=1}^{n-1}c_k = 2+\sum_{k=1}^{n-1}k = \frac{1}{2}(n^2-n+4)$
3) $a_n = a_1+\sum_{i=1}^{n-1}b_k = 3+\frac{1}{2}\sum_{k=1}^{n-1}(k^2-k+4) = \frac{1}{6}(n^3-3n^2+14n+6)$

【8】 $\sum_{i=1}^{n-1}i+1\leqq k\leqq\sum_{i=1}^{n}i$, すなわち, $\frac{1}{2}(n^2-n+2)\leqq k\leqq\frac{1}{2}n(n+1)$

練習問題 8

【1】 1) $t_{n+1} = \frac{3}{5}t_n+\frac{1}{5}$
2) $t_{n+1}-\frac{1}{2} = \frac{3}{5}\left(t_n-\frac{1}{2}\right)$ と $t_1 = \frac{2}{5}$ より $t_n = \frac{1}{10}\left(\frac{3}{5}\right)^{n-1}+\frac{1}{2}$
3) $a_n = \frac{1}{2}(5^n-3^{n-1})$

【2】 1) $S_{n+1} = 2S_n+3n$ から $S_n = 2S_{n-1}+3(n-1)$ を引いて $a_{n+1} = 2a_n+3$
2) $a_{n+1}+3 = 2(a_n+3)$ と $a_1 = 0$ より $a_n = 3\cdot 2^{n-1}-3$
3) $S_n = \sum_{k=1}^{n}a_n = 3\sum_{k=1}^{n}2^{k-1}-3n = 3\cdot 2^n-3(n+1)$

【3】 1) $a_{n+2}-a_{n+1} = -\frac{3}{4}(a_{n+1}-a_n)$ より $b_{n+1} = -\frac{3}{4}b_n$
2) $b_{n+1} = -\frac{3}{4}b_n$ と $b_1 = a_2-a_1 = 1$ より $b_n = \left(-\frac{3}{4}\right)^{n-1}$
3) $a_n = a_1+\sum_{k=1}^{n-1}b_k = 1+\sum_{k=1}^{n-1}\left(-\frac{3}{4}\right)^{k-1} = \frac{11}{7}-\frac{4}{7}\left(-\frac{3}{4}\right)^{n-1}$

【4】 i) $n = 1$ のとき, 左辺 $= 1$, 右辺 $= 1^2 = 1$
よって, 成立する.
ii) $n = k$ のとき, 与式が成立すると仮定する.

すなわち，$1+3+5+\cdots+(2k-1) = k^2$ と仮定する．

このとき，$1+3+5+\cdots+(2k-1)+(2k+1) = k^2+2k+1 = (k+1)^2$

よって，$n = k+1$ のときも成立する．

i), ii) より，すべての自然数 n に対し，
$$1+3+5+\cdots+(2n-1) = n^2$$
が成立する．

【5】 1) $a_n = \dfrac{1}{6}n(n+1)(2n+1)$ より $\lim_{n\to\infty}\dfrac{a_n}{n^3} = \lim_{n\to\infty}\dfrac{1}{6}\left(1+\dfrac{1}{n}\right)\left(2+\dfrac{1}{n}\right) = \dfrac{1}{3}$

2) $a_n = \left\{\dfrac{1}{2}n(n+1)\right\}^2$ より $\lim_{n\to\infty}\dfrac{a_n}{n^4} = \lim_{n\to\infty}\dfrac{1}{4}\left(1+\dfrac{1}{n}\right)^2 = \dfrac{1}{4}$

【6】 1) $\dfrac{1}{t_{n+1}} = \dfrac{\dfrac{1}{t_n}}{4\cdot\dfrac{1}{t_n}+3} = \dfrac{1}{4+3t_n}$ より $t_{n+1} = 3t_n+4$

2) $t_{n+1}+2 = 3(t_n+2)$ と $t_1 = 1$ より $t_n = 3^n-2$

3) $a_n = \dfrac{1}{3^n-2}$ 4) $\lim_{n\to\infty}a_n = 0$

練習問題 9

【1】 1) $20(=1\cdot4+2\cdot3+3\cdot2+4\cdot1+5\cdot0)$

2) $\sum_{k=1}^{n}k(n-k) = n\sum_{k=1}^{n}k - \sum_{k=1}^{n}k^2 = n\cdot\dfrac{1}{2}n(n+1) - \dfrac{1}{6}n(n+1)(2n+1)$
$= \dfrac{1}{6}(n-1)n(n+1)$

【2】 以下のように定義される数列 $\{a_n\}$ の極限値 $\sqrt{3}$ $\left(\alpha = \dfrac{1}{2}\alpha+\dfrac{3}{2\alpha}\text{ の解}\right)$ を求めるアルゴリズムであり，$\sqrt{3}$ の近似値が出力される．
$$\begin{cases}a_1 = 5 \\ a_{n+1} = \dfrac{1}{2}a_n + \dfrac{3}{2a_n}\end{cases}$$
なお，この数列では，$|a_{n+1}-\sqrt{3}| < \dfrac{1}{2}|a_n-\sqrt{3}|$ が成立する．

【3】 1) $\text{REC}(3) = \text{REC}(2)+5 = \text{REC}(1)+3+5 = 1+3+5 = 9$

2) $\text{REC}(n) = 1+3+\cdots+(2n-1) = \sum_{k=1}^{n}(2k-1) = n^2$

練習問題 10

【1】 $p = a^{\log_a b}$ とおく．対数をとると，$\log_a p = \log_a a^{\log_a b} = \log_a b\log_a a = \log_a b$ となるので，$p = b$．したがって，$a^{\log_a b} = b$．

【2】 $\log_{10}4 = \log_{10}2^2 = 2\log_{10}2 = 2\times0.3010 = 0.6020$

$\log_{10}5 = \log_{10}\dfrac{10}{2} = 1-\log_{10}2 = 1-0.3010 = 0.6990$

$\log_{10}6 = \log_{10}2\cdot3 = \log_{10}2+\log_{10}3 = 0.3010+0.4771 = 0.7781$

$\log_{10}8 = \log_{10}2^3 = 3\log_{10}2 = 3\times0.3010 = 0.9030$

$\log_{10}9 = \log_{10}3^2 = 2\log_{10}3 = 2\times0.4771 = 0.9542$

【3】 $9^x+9^{-x} = (3^x+3^{-x})^2-2 = t^2-2$

【4】 $2^x = 16$, $2^y = 8$ となるので，$x = 4$, $y = 3$

【5】 $\log_4 9 > \log_4 8 = \log_4 4^{\frac{3}{2}} = \dfrac{3}{2}$．一方 $\log_9 25 < \log_9 27 = \log_9 9^{\frac{3}{2}} = \dfrac{3}{2}$．よって，$\log_9 25 < \log_4 9$．

【6】 $1000<1024<10000$ より，$\log_{10}1000<\log_{10}1024<\log_{10}10000$. すなわち，$3<\log_{10}2^{10}<4$.
したがって，$0.3<\log_{10}2<0.4$.

【7】 $\log_3 n = x$ とおくと，$\log_2 x \leq 2 = \log_2 4$. よって，$x \leq 4$. すなわち，$\log_3 n \leq 4$.
したがって，$n \leq 3^4 = 81$.
以上から，条件を満たす最大の自然数は 81.

【8】 $\dfrac{a^a b^b}{a^b b^a} = a^{a-b}b^{b-a} = \left(\dfrac{b}{a}\right)^{b-a}$. ここで，条件 $0<a<b$ より，$\dfrac{b}{a}>1$，$b-a>0$ なので，
$\left(\dfrac{b}{a}\right)^{b-a}>1$.
したがって，$a^a b^b > a^b b^a$.

練習問題 11

【1】 $0.1 = (0.0001\ 1001\ 1001\ 1001\ \cdots)_2$ となる．

【2】 省略

【3】 1) 2)

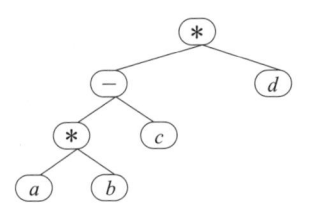

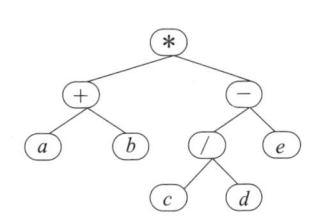

【4】 各処理の実行回数は以下の通りである．

$1 \to \mathrm{K}$ $\cdots 1$ 回

$\mathrm{K}<n$ $\cdots n$ 回

$n-1 \to \mathrm{J}$ $\cdots n-1$ 回

$\mathrm{J} \geq \mathrm{K}$ $\cdots \sum_{k=1}^{n}(n-k) = n\sum_{k=1}^{n}1 - \sum_{k=1}^{n}k = n^2 - \dfrac{1}{2}n(n+1) = \dfrac{1}{2}(n-1)n$ 回

$\mathrm{A}[\mathrm{J}]>\mathrm{A}[\mathrm{J}+1]$ $\cdots \dfrac{1}{2}(n-1)n$ 回

入れ替え $\cdots$ 最大で $\dfrac{1}{2}(n-1)n$ 回

$\mathrm{J}-1 \to \mathrm{J}$ $\cdots \dfrac{1}{2}(n-1)n$ 回

$\mathrm{K}+1 \to \mathrm{K}$ $\cdots n-1$ 回

合計の回数は $2n^2+n-1$.
したがって，$F(n) = 2n^2+n-1 = O(n^2)$.

練習問題 12

【1】 1) $\sim(\forall x \exists y\, \mathrm{p}(x,y)) \vee \forall z\, \mathrm{q}(z) = (\exists x \sim \exists y\, \mathrm{p}(x,y)) \vee \forall z\, \mathrm{q}(z)$
$= (\exists x \forall y \sim \mathrm{p}(x,y)) \vee \forall z\, \mathrm{q}(z)$
$= \exists x \forall y \forall z (\sim \mathrm{p}(x,y) \vee \mathrm{q}(z))$

2) $\sim(\forall x \exists y\, \mathrm{p}(x,y) \vee \forall z\, \mathrm{q}(z)) = \sim\forall x \exists y\, \mathrm{p}(x,y) \wedge \sim \forall z\, \mathrm{q}(z)$
$= \exists x \sim \exists y\, \mathrm{p}(x,y) \wedge \exists z \sim \mathrm{q}(z)$
$= \exists x \forall y \sim \mathrm{p}(x,y) \wedge \exists z \sim \mathrm{q}(z)$
$= \exists z \exists x \forall y\, (\sim \mathrm{p}(x,y) \wedge \sim \mathrm{q}(z))$

【2】 1) $\mathrm{p}(a) \vee \mathrm{q}(a)$ 2) $\mathrm{p}(a) \wedge \mathrm{q}(a,b)$ 3) $\sim \mathrm{p}(x) \vee (\mathrm{q}(x,f(x)) \wedge \mathrm{r}(x,f(x)))$

【3】

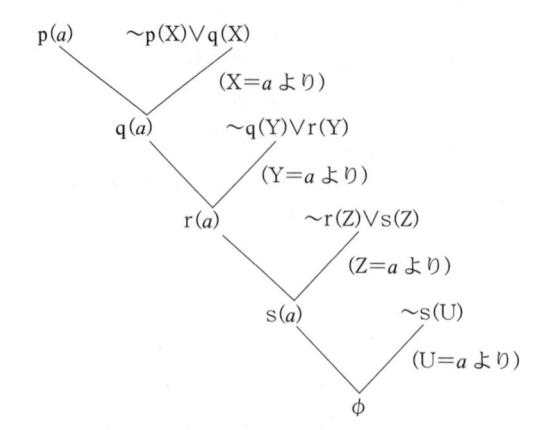

```
p(a)      ～p(X)∨q(X)
   \     /
    \   /  (X=a より)
    q(a)    ～q(Y)∨r(Y)
       \   /
        \ /  (Y=a より)
        r(a)   ～r(Z)∨s(Z)
           \  /
            \/  (Z=a より)
           s(a)   ～s(U)
              \  /
               \/  (U=a より)
               φ
```

【4】　1)　like(太郎,X)：－緑(X), 野菜(X).
　　　2)　従兄弟(X,Y)：－親(X,Px), 親(Y,Py), 兄弟(Px,Py).
　　　3)　祖先(X,Z)：－親(X,Y), 祖先(Y,Z).
　　　4)　孫(X,Z)：－子供(X,Y), 子供(Y,Z).
　　　5)　子孫(X,Z)：－子供(X,Y), 子孫(Y,Z).

索　引

【ア　行】

アトム　12
RDB　66
アルゴリズム　104
AND（論理積）　67
1対1写像　73
一般項　80, 93
いろいろな形式の命題の証明　46
いろいろな推論　42, 43
いろいろな数列　87
インタセクション　59
上への写像　73
裏　20
n乗根　117
n項関係　65
演繹定理　47
O記法　133
OR（論理和）　67
オーダー　133
重み　127

【カ　行】

外延的記法　4, 56
階差数列　89, 94
解釈　13
解釈集合　14
仮数部　130
合併集合　60
仮定を含む形式的証明　152
含意　11
関係　65
関係データベース　66
関数　5, 70
関数形式　28
関数の再帰的呼び出し　114
関数の実行　113
関数呼び出し　113
冠頭標準形　140
冠頭標準形への変形手続き　141
偽　9
木構造　130
帰納的定義　92
基本命題　10
基本論理式　12
逆　19

逆写像　76
級数　81
共通部分　58
極限　99
極限値　99
虚数　2, 3
虚数単位　3
空集合　58
空リスト　159
繰り返し　108
計算量　133
結合法則　18
結論　11, 40
元　3, 56
項　27, 80
交換法則　18
恒偽式　16
公差　83
降順　136
恒真式　15, 18, 19, 36
合成　75
合成写像　75
合成命題　9
恒等写像　76
項の定義　28
公比　85
公理　43
公理的集合論　157
公理論的集合論　157

【サ　行】

再帰的関数　114
再帰的呼び出し　114
差集合　62
算術演算子　105
算術木　131
算術式　105
三段論法　40
時間計算量　133
式の同値性　17
Σ　81
指数　117
指数関数　119
指数の公式　119
自然数　1, 3
自然数論における定理　45

実数　2, 3
実数型　105
実数論における公理・定理　49
写像　5, 70
写像fの値　5
集合　3, 56
集合演算　58
集合に関する公式　63
収束する　99
充足不能　147
自由変数　32
述語　27, 140
述語名　27
述語論理　27
10進数　127
10進2進変換　128
循環小数　2, 3
純虚数　3
純虚数以外の虚数　3
順次探索　135
順序　3
順序対　64
条件式　106
条件判断　107
昇順　136
証明　43
証明木　45, 147
常用対数　124
初項　80
真　9
真数　122
真部分集合　57
真理値　9
真理値表　14
推移的　43
推移律　65
推論　40
推論の記法　42
数学的帰納法　52, 96, 154
数列　80
スコーレム関数　143
整合論理式　12
整数　1, 3
整数型　105, 128
整数でない有理数　3
積集合　65

節　143
節集合　143
絶対値　50
SELECT文　66
漸化式　92, 93
漸化式と極限　100
漸化式と数学的帰納法　97
全射　73
全称記号　29
全体集合　58
全単射　73
前提　11, 40
像　70
束縛変数　32
その他の三段論法　41
存在記号　29

【タ 行】

対角線論法　155
対偶　19
対称律　65
対数　121
対数の公式　122
対等　154
代入文　105
互いに素　59
単一化　144
単射　73
値域　5, 70
逐次探索　135
直積　65
底　117
定義　44
定義域　5, 70
定数　28
定理　43
データ型　105, 128
データ探索　135
等差級数　84
等差数列　83
等差数列の公式　83
等式の証明　49
導出　40
導出形　145
導出原理　147
同値　11, 17
同値関係　65
等比級数　86

等比数列　85
等比数列の公式　85
ド・モルガンの法則　19, 36, 141

【ナ 行】

内包的記法　4, 56
流れ図　104
流れ図で用いる図形　104
2項関係　65
二重否定　19
2進数　127
2分木　131
2分木の枠組み　132
2分探索　136
濃度　77, 155
ノード　130

【ハ 行】

場合分けによる証明　50, 152
排他的論理和　11
背理法　51, 153
配列　111
配列と繰り返し　112
はさみうちの定理　99
発散する　99
反射律　65
ビット　128
否定　11
標準形　20
標準形への変形手続き　21
フィボナッチ数列　93
深さ　131
複合命題　9
複素数　2, 3
不等式の証明　49
浮動小数点型　105
部分集合　57
部分集合の像　72
Prolog　149, 159
分配法則　19
べき集合　67
変形公式　19, 36
ホーン節　149
母式　140
補集合　61

【マ 行】

道　131

無限集合の濃度　155
無限小数　2, 3
無限大　99
矛盾式　16, 18, 19, 36
無理数　2, 3
命題　8

【ヤ 行】

有限小数　2, 3
優先順位　13
有理数　2, 3
ユニオン　60
要素　3, 56
要素数　77

【ラ 行】

ラッセルのパラドクス　157
リーフ　130
リスト　159
リスト処理　160
リテラル　14
領域　32
領域計算量　133
量化子　29, 140
量化子の順番　31
量化子の範囲　31
理論　43
累乗　117
累乗根　117
ルート　130
論理演算子　10, 28
論理結合子　10
論理式　12
論理式の定義　12, 30
論理積　10
論理積標準形　20
論理積標準形の定義　21
論理的帰結　23, 34
論理的帰結の証明法　23
論理的帰結の定義　22, 34
論理プログラムの応用　148
論理和　10
論理和標準形の定義　22

【ワ 行】

和集合　60
割当　32

参考文献

伊藤敏幸ほか 「ソフトウェア開発技術者実戦問題」 オーム社
岡本和夫ほか 「新版数学Ⅰ」 実教出版
岡本和夫ほか 「新版数学A」 実教出版
鑰山徹 「C言語とアルゴリズム演習」 工学図書
鑰山徹 「Prologプログラミング入門」 工学図書
鑰山徹 「CASLで学ぶコンピュータの仕組み」 共立出版
清水義夫 「記号論理学」 東京大学出版会
志村正直 「人工知能」 森北出版
田中尚夫 「公理的集合論」 培風館
永尾汎ほか 「数学Ⅰ」 数研出版
永尾汎ほか 「数学Ⅱ」 数研出版
永尾汎ほか 「数学Ⅲ」 数研出版
中根雅夫監修 「基本情報技術者標準教科書」 オーム社
藤田宏 「理解しやすい数学Ⅰ」 文英堂
藤田宏 「理解しやすい数学A」 文英堂
藤田宏 「理解しやすい数学Ⅱ」 文英堂
藤田宏 「理解しやすい数学Ⅲ」 文英堂
前田隆ほか 「新しい人工知能」 オーム社
Chang & Lee 「Symbolic Logic and Mechanical Theorem Proving」 Academic Press

―― 著 者 略 歴 ――

鑰 山　　徹（かぎやま　とおる）

昭和51年　東京工業大学理学部情報科学科　卒業
現　　在　千葉経済大学経済学部経済学科　教授

主要著書

Prolog プログラミング入門　工学図書（1987）

C 言語とアルゴリズム演習　工学図書（1990）

C 言語とプログラミング　工学図書（1991）

C 言語と関数定義　工学図書（1994）

新 CASL プログラミング入門　工学図書（1995）

CASL で学ぶコンピュータの仕組み　共立出版（1996）

C によるプログラム表現法　共立出版（1996）

続・C 言語とアルゴリズム演習　工学図書（1999）

Java とアルゴリズム演習　工学図書（2003）

これから学ぶ文科系の基礎数学　工学図書（2003）

ソフトウェアのための基礎数学　　　　　Printed in Japan

| 平成14年2月5日　　初　版 |
| 平成28年3月15日　　5　版 |

著　者　鑰　山　　徹
発行者　笠　原　羊　子
発行所　工学図書株式会社
東京都文京区本駒込1-25-32
電話　03（3946）8591番
F A X　03（3946）8593番
http://www.kougakutosho.co.jp
印刷所　昭和情報プロセス株式会社

Ⓒ　鑰山　徹　2002
ISBN 978-4-7692-0430-5 C3041
☆定価はカバーに表示してあります。